당신은 지금, 자녀와 전쟁 중인가?

박종팔, 이원석, 박유미 공저

당신은 지금, 자녀와 전쟁 중인가?

발행일	2026년 5월 1일

지은이	박종팔, 이원석, 박유미 공저
펴낸이	손형국
펴낸곳	(주)북랩

출판등록	2004. 12. 1(제2012-000051호)
주소	서울특별시 금천구 가산디지털 1로 168, 우림라이온스밸리 B동 B111호, B113~115호
홈페이지	www.book.co.kr
전화번호	(02)2026-5777 팩스 (02)3159-9637

ISBN	979-11-7598-261-1 13590 (종이책) 979-11-7598-262-8 15590 (전자책)

작가 연락처 문의 ▶ ask.book.co.kr

전용 게시판에 문의를 남기시면 저자에게 직접 전달됩니다.

(주)북랩 성공출판의 파트너

북랩 홈페이지와 SNS에서 다양한 출판 솔루션을 만나 보세요!

홈페이지 book.co.kr • **블로그** blog.naver.com/essaybook • **출판문의** text@book.co.kr
카톡채널 북랩

당신은 지금, 자녀와 전쟁 중인가?

박종팔
이원석
박유미

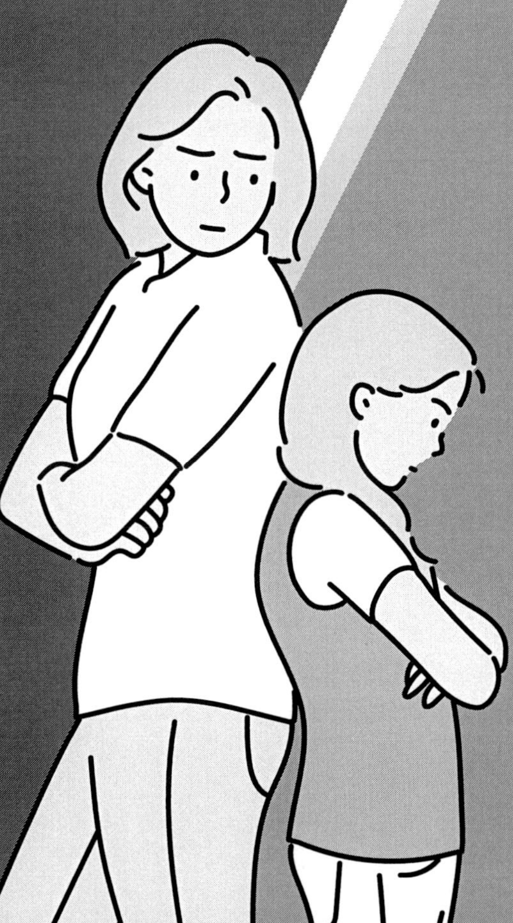

머리말

내가 아닌 것을 붙잡는 순간, 불안은 시작된다.

이 책은 내가 아닌 것을 내려놓고, 나로 돌아가는 여정이다.

부모의 존재는 자녀의 숨구멍이다.

아이의 숨을 가쁘게 하는 것도 결국 부모다.

왜 우리는 사랑하는 아이와 전쟁까지 하게 되는 걸까?

모든 아이는 천재로 태어났다. 그러나 부모의 불안과 열등감에서 비롯된 감정이 부모와 자녀를 싸우게 만든다.

전지전능 - 유아기

갓 태어난 아기는 내가 울면 젖이 나온다고 생각한다. 이것이 전지전능이다. 이 감정이 건강하게 발달하면 열등감을 잘 극복해 나갈 수 있다. 이 시기의 유아는 현실과 감정을 분리해서 인식하지 못한다. 하지만 창조성은 자라난다.

엄마는 젖을 줄 때뿐 아니라 눈빛, 접촉, 정서에도 부드럽게 반응해야 한다. 엄마의 이상을 주입하려고 억압하면 아이는 불안을 느낄 수 있고, 정서에 문제가 생길 수 있다.

이 시기에 정서적 애착이 형성되지 않으면 훗날 남을 탓하는 편집적 사고나 흑백으로 나누는 분열적 사고로 이어질 수 있다. 탯줄이 잘린 뒤 3~4개월이 매우 중요한 이유다.

미운 네 살, 미친 일곱 살 - 유아기

이 시기의 양육은 부모에게 가장 힘든 시기다. 자기애(Narcissism)가 강하다. 아이는 자신을 우월하고 유능한 존재로 인식한다. 마냥 사랑스럽던 아이가 갑자기 떼를 쓰고 말을 듣지 않는 시기다.

빠르게 성장하는 과정에서 생각과 몸의 불일치로 쉽게 지치고 짜증과 불안이 많아진다. 하고 싶은 것은 많지만 잘되지 않을 때 좌절을 느끼고 짜증을 낸다. 이때 아이의 전능감을 무너뜨리면 마음에 상처가 남을 수 있다.

원인은 '부모의 불안'

부모가 싸워야 할 대상은 자녀가 아니라, 자신의 불안과 열등감, 그리고 중독이다.

중독은 무조건 나쁜 것만은 아니다. 불안과 고통에서 벗어나게 해 주는 작은 이득도 있다. 그러나 잔소리는 문제를 해결하지 못한다. 처음에는 도움이 되는 것 같지만, 시간이 지날수록 갈등과 분노만 남는다.

부모의 불안은 어떻게 나타나는가?

아이를 지나치게 통제하려 할 때.
지금 잡지 않으면 큰일 날 것 같을 때.
아이가 망가질 것 같을 때.

 당신은 지금, 자녀와 전쟁 중인가?

부모의 불안이 커질수록 통제는 강해진다. 아이는 자신을 지키기 위해 방어하고, 부모와 자녀의 전쟁 같은 하루가 시작된다.

아이의 문제를 자신의 실패처럼 느낄 때.

아이의 성적, 태도, 행동을 부모 자신의 가치처럼 느끼게 된다. 아이의 행동이 부모의 자존심을 건드리는 순간, 관계는 자존심 싸움으로 변한다.

아이를 있는 그대로 보지 못할 때.

아이의 타고난 기질, 성장 속도, 감정 등 아이의 있는 그대로가 존중되지 않고 부모의 기준만 강요될 때, 부모는 아이에게 적군처럼 느껴진다.

너무 지쳐 있을 때.

인정받지 못한 감정.

억눌린 감정.

미해결된 상처.

부모는 아이를 가장 안전한 대상으로 여기고 자신의 분노와 좌절을 쏟아낸다. 자녀와의 전쟁은 아이를 이기기 위한 것이 아니라, 부모 자신의 불안을 이기지 못해 벌어진 일이다.

부모의 열등감

이 책에는 부모의 열등감을 극복하는 해법도 담았다.

열등감은 '내가 남보다 부족하다'고 느끼는 감정이다.

콤플렉스는 그 감정이 쌓여 특정 대상에게 과도한 불안과 방어 반응으로 나타나는 심리적 묶음이다.

우월감 콤플렉스는 우월감으로 포장된 열등감이다. 이른바 '갑질'이 대표적인 모습이다. 자신이 무시당할까 두려워 더 약한 대상에게 우월감을 드러내며 존재를 확인하려 한다.

부모의 상처는 치유될 수 있을까?

- 상처를 받았던 순간을 조용히 떠올린다.
- 당시의 감정을 느껴 본다.

슬픔, 분노, 외로움, 억울함, 죄책감…

- 그때의 나에게 공감한다.

"힘들었지?"

- 그때 내가 가장 원했던 것을 돌아본다.

위로, 인정, 보호, 사랑, 안전

- 그때의 나에게 보상한다.

휴식, 인정, 사랑, 여행

아이를 고치려 하지 말고 공감을

부모가 아이를 고치려는 '교정 반사' 대신 아이에게 "지금 무엇이 힘들까?"라고 물어야 한다.

아이는 고쳐야 할 존재가 아니라 존중받아야 할 존재다.

현실은 어떠한가?

부모는 공부하지 않으면 대학에 가지 못한다고 위협하기도 한다. 부모가 되는 것은 쉽지만, 자녀를 이해하고 교육하는 것은 어렵다.

아이가 부족해 보여도 "괜찮아, 그럴 수 있어!"라고 먼저 공감해야 한다. 그래야 아이는 방어막을 거두고 부모와 대화할 수 있다.

이 책은 부모와 자녀 사이에서 반복되는 '전쟁 같은 일상'을 소크라테스의 산파술 대화법을 적용하여, 질문과 답변의 과정을 통해 자녀가 스스로 답을 찾아가도록 유도했다.

중독은 예방할 수 있으며, 그 시작은 유아기의 감정 조절이다.

중독은 의지의 문제가 아니라 관계의 문제다.

회복은 자아와의 관계를 다시 맺는 데서 시작된다.

치유는 무의식을 의식화하는 순간 시작된다.

이 책은 부모의 불안에서 비롯된 중독이 대물림되는 것을 막기 위한 해답서다. 부모가 스스로 불안의 원인을 이해하고, 전쟁 같은 하루를 끝내며 관계를 회복하는 데 도움이 되기를 바란다.

이제, 내가 아닌 것을 내려놓을 시간이다.

대화는 속도보다 방향에서 시작된다.

2026년 4월

박종팔, 이원석, 박유미 공저

목차

1장.
불안이 만든 중독

중독의 뿌리는 불안

중독, 떠오르는 단어?

간섭, 공부, 쇼핑, 게임….

이런 중독이 위협적이고 나쁜 것만은 아니다. 중독은 작은 이득을 얻는다. 그렇다고 즐거움을 찾는 것은 아니다.

"중독은 고통과 불안의 현실을 회피 위한 노력이다. 현실적으로 힘드니까, 잠을 못 이루니까 수면제를 계속 복용한다."

중독은 흔들리는 자아가 잠시라도 머물 수 있는 곳을 찾으려는 상태다.

일상적 삶의 중독

중독 없이 살아가는 듯 보이지만, 그것은 착각이다.

하루에 커피 한 잔이라도 마시지 않으면 뭔가 빠진 것 같은 느낌이다.

커피를 시켜 놓고 주문 벨이 울려 핸드폰을 잠깐 탁자 위에 올려놓고 가는데, 순간 불안이 밀려오는 핸드폰 분리불안감이다.

켜면 열리던 PC가 열리지 않을 때 확 밀려오는 불안감이나 당혹감이다.

중독을 부정적 뉘앙스로만 이해할 필요는 없다. 현대 사회를 살아가는 우리는 자신도 모르게 적응된 중독 요소들이 즐비하다는 점을 인식해야 한다.

[사례] 일상에서 하는 간섭

잔소리다. 중독은 작은 이득을 얻는다. 심하기 전에 유턴해야 한다. 계속되는 간섭은 효과가 없다. 게임 하지 마라. 담배를 끊어라. 갈등만 유발한다." 이것이 진단 기준은 아니다. 어떻게 유턴하게 할까?

척도 질문을 한다.

"중독 상태가 1에서 10까지일 때 몇 점인가?"

"가장 낮은 점수는 어느 때인가?"

어떻게 하면 점수를 낮출 수 있을까?

중독자 스스로 결단하고 말하게 한다.

임상 장면에서 진단적 기준

진단 기준의 정신장애의 진단 및 통계편람(DSM-5)에서 '중독을 의존 증후군(Dependence Syndrome)'이라 표현하고 있다.

물질 중독 : 알코올, 카페인, 니코틴

비물질 중독, 행위 중독 : 도박 중독, 게임 장애, 인터넷 중독 등은 질병으로 나타날 가능성이 높다.

중독은 사람이든 물질이든 특정 대상에 대한 강박적 집착이나 한번 시작하면 끝장을 보고 마는 것이다. 조절 및 통제가 어렵다. 해로운 결과임을 알면서도 이를 반복하여 강박적으로 사용하는 특성을 지닌다.

중독은 대상자나 대상물에 집착하거나 몰입하여 흥분된 상태다. 이런 흥분된 상태를 방해하거나 거부할 경우에는 좌절하게 된다. 그 좌절은 분노로 돌변하여 공격을 하게 된다.

중독의 특징 세 가지는 다음과 같다.

Control(통제) : "안 하려고 하는데, 그게 잘 안 되네요."

Compulsive(강박) : "자꾸만 생각나서 떨쳐 버리기가 어려워요."

Consequence(피해) : "결과가 안 좋다는 건 아는데…."

중독은 왜 생길까?

억울함 : "마음속 귀신이다."

괴로움 : "붓다는 세상은 변하는데 이를 붙잡는 것에서 괴로움이 온다고 했다."

일명 현대판 '꼰대'라 할 수 있다.

불안한 환경, 부모 걱정, 실패 경험, 상처 경험….

괴롭고 힘든 환경에서 벗어나고 싶은 것이 중독이다.

중독의 원인은 유아기 때 불안정한 정서적 애착이다. 결혼 등 안정적 환경이면 중독에서 벗어날 수 있다. 하지만 불안정한 환경이면 중독이 될 가능성은 더 높다.

인간은 내 마음 같은 누군가를 찾는다. 사람이든 물건이든 그 무엇인가를 잡고 그것에 의존하고 싶어 하는 것이 바로 중독이다.

엄마는 내 마음 같다.

친구는 내 마음 같다.

배우자는 내 마음 같다.

아이는 내 마음 같다.

     당신은 지금, 자녀와 전쟁 중인가?

누군가 없으면 마음이 불안하고 초초하다. 부모들이 아이가 늦게 오면 불안해서 계속 전화하는 것도 일종의 중독이다.

불안 중독

불안 중독은 공식적인 병명은 아니다. 심리학에서 자주 언급되는 것으로, 불안한 생각과 감정이 반복되며 습관처럼 굳어진 상태를 설명할 때 사용되는 개념이다. 중독자 자신이 주체가 아닌 노예의 위치에서 욕망에 휘둘려 그것에 끌려가는 것이다.

인간은 중독의 성향을 갖고 있다. 중독은 인간이 정서적으로 취약해지는 순간에 습관적으로 어떤 유한한 것에 의존하여 정서적 안정을 얻으려는 몸부림이다.

'엄마의 불안 중독'

간섭, 잔소리, 과잉 보호.

엄마는 아이의 마음이 변한다는 것을 인식하지 못하고, 엄마 자신의 기준으로 자녀를 바라본다. 아이는 사춘기인데 유아기 때 기준으로 아이를 바라본다. 갈등이다. 자녀가 게임을 하는 데 부모가 못하게 하면, 자녀는 분노하여 부모에게 저항하거나 일탈행위를 하게 될 수 있다.

'판사 된 부모'

부모가 자녀를 판단이나 평가를 해서는 안 된다. 아이가 스스로 할 수 있도록 도와주어야 한다. 엄마는 아이에게 "어떻게 하면 좋을까?"라는 질문을 자주 해야 한다. 이때 아이는 불안이 줄고 자존감이 높아진다. 성인도 마찬가지다.

'대가 치르는 부모'

부모가 불안하여 아이에게 소리를 지르는 경우가 많다. 아이도 불안하다. 부모는 그 대가를 치르게 된다. 게임, 학교 폭력, 도박, 가출 등 중독으로 나타난다.

아이의 감정을 함부로 판단해서는 안 된다. 아이는 소중한 인격체다. 아이는 어떠한 경우라도 존중받아야 한다. 아이가 울거나 화를 내도 그대로 봐주어야 한다. 이것은 아이를 위하는 것도 있지만, 부모 자신을 위한 것이다.

'간섭이 자녀에게 주는 영향'

부모의 집착성 간섭은 자녀를 무능하게 만든다. 부모가 알아서 해주니까 문제 해결의 경험이 없어진다. 아이가 성장해서 사회 적응을 잘 하게 하기 위해서는 아이 스스로 할 수 있도록 하거나 기다려 주는 것이 진짜 사랑이다.

[사례] 엄마의 불안 중독

어떤 중소기업 CEO 여성과 남자 연예인이 결혼했다. 그 여성은 남자 연예인의 순수함에 매력을 느꼈다. 그런데 결혼 3년차에 이혼을 고려 중이다. 이유는 남자가 아무 것도 할 줄을 몰라 답답한 것이다.

남자는 왜 그럴까?

어린 시절, 엄마가 모든 것을 대신 해주었기에 어른이 되어서 형광등 하나도 교체하지 못하는, 즉 엄마의 불안이 만든 마마보이가 되었

 당신은 지금, 자녀와 전쟁 중인가?

다. 반면에 여성은 자수성가를 해서 문제 해결력이 탁월하다. 여성의 기준으로 볼 때, 남성이 무능하고 답답해 보이는 것은 당연하다.

"좀 답답하지만 고분고분한 남자가 좋을까? 강하고 갈등이 많은 남자가 좋을까?"라고 질문한다.

여성은 이혼하지 않고 살겠다고 했다. 인간은 누구나 강점과 약점이 있다. 그런데 결혼할 때는 강점을 보고 결혼했다가 살면서 약점도 강점으로 변화되기를 원한다. 그것은 욕심이다. 하나만 선택해야 한다. 단점이 보여도 "괜찮아!"라고 말할 수 있는 지혜가 필요하다.

중독 증상과 중독으로 가는 과정

강박적으로 생각하고 행동한다.

중독 대상에 따라 몰입, 반복 행동, 기분의 고양이 다르게 나타난다. 증상에 따라 안절부절, 초초, 짜증, 불쾌감, 갈망 등 금단증상이 나타난다.

처음에는 사교 목적이다. 술, 담배, 인터넷 등 사교적인 이유다. 함께하고 싶은 목적이다. 누군가와 함께하기 위하여 우연히 하게 된다. 이것이 일상이 된다.

습관화 → 심리적 의존 → 신체적 의존 → 과의존(내성과 금단)

일반적으로 이 과정은 한 번에 일어나기 보다는 서서히 진행된다.

중독에서 벗어나기 5단계

'인식 전 단계'

변화할 이유가 없다.

술은 이 정도는 먹어야 된다. 저녁에 유튜브는 볼 수 있는 거 아냐?

'인식 단계'

문제가 있다고 느끼나 변화할 이유나 자신감이 없어서 변화에 대해 고려만 하고 있다.

피해가 있다. 담배를 피우는 것이 걱정이 된다. 게임은 조금 줄여야 될 것 같다. 쉽지는 않지만 언제든지 중단할 수 있다. 이 단계가 가장 어려운 단계다. 상담자의 동기 면담이 중요하다.

'준비 단계'

문제가 심각함을 인식하고 어떤 방법이 있는지 고민 중이다.

한 발 내 딛는 정도다. 술 마시는 것 대신 '딸이랑 볶음밥 해먹을까, 산책할까?' 대안을 생각한다.

'실천 단계'

대안 중에서 쉽게 할 수 있는 것을 실천한다. 움직이기 시작한다. 주말에는 술을 안 마신다. 2주 동안 술을 안 마신다.

'유지 단계'

지속적으로 한다. 6개월 이상 술을 안 마신다.

각 단계마다 양가감정이 있다. 실천하면서 왔다 갔다 한다. 나약함이다. 회의감이다. 참으면서 살아야 하나. 악마의 소행이다. 어렵다.

중독 해결, 핵심 기술 네 가지

'개방 질문(Open Question)'

폐쇄 질문의 수보다 더 많이 한다.

'인정 질문(Affirm)'

진정성 있게 질문한다.

고맙다 보다는 시키지도 않았는데 쓰레기 버려줘서 고맙다.

'반영하기(Reflect)'

단순 반영과 복합 반영이 있다. 단순 반영은 내담자가 한 말을 그대로 반영해 주는 것이다. 경청이다. 복합 반영은 상담자가 추측해서 말해 주는 것이다.

[사례] 내담자가 술을 끊고 싶다.

단순 반영은 술을 끊고 싶은 거예요.

복합 반영은 술을 끊으려고 하는데 걱정이 되는 거예요.

예. 맞아요. 여기서 끝난다.

아니요. 걱정이 되지 않아요.

다시 질문한다.

그럼, 어떤 느낌인지 궁금하네요.

대화가 이어진다.

반영하기는 상담의 꽃이다. 이것을 잘하면 상담은 쉽게 할 수 있다.

'요약하기(Summarize)'

대화 중간이나 마무리에서 정리 요약해 주는 것이다.

불안 중독의 심리 구조

불안 → 중독 대상 → 잠깐의 안정 → 다시 불안 → 다시 중독

설악산 정상에 올라간 순간 "야!" 감탄사는 초월성 긍정의 중독이다. 게임하면서 승리하는 순간 "야!" 감탄사는 초월성 부정의 중독이다.

대상에 중독되는 것이 아니라, 불안을 잠시 잊게 해주는 경험에 중독된다. 중독의 문제는 대상이 아니라, 그 대상을 붙잡게 만든 마음의 결핍이다.

2.
엄마의 민감한 반응

●

엄마는 불안에 민감해야 할까?

그렇다. 엄마는 아이의 작은 눈빛 하나의 변화에도 잘 느끼고 민감하게 반응해야 한다. 중립적이고 긍정적으로 사고해야 한다.

눈빛, 정서, 접촉, 환경, 감정….

아이가 웃을 때 같이 웃어 주고, 실수할 때는 "괜찮아!" 하는 민감성이 있어야 한다. 민감한 반응은 섬세하게 잘 느끼는 감정으로 상황에 잘 대처하여 행동하는 것이다.

예민 방응은 무엇인가?

엄마가 자극에 대해 지나치게 신경 쓰거나 날카롭게 반응하는 것이다. 부정적인 사고다. 사소한 말에도 예민하게 반응한다. 엄마가 예민하면 아이를 간섭하게 되고, 아이는 움츠리게 되어 소심하고 자존감이 낮아져 엄마 대신 다른 무엇인가에 중독되기 쉽다.

예민한 반응은 지나치게 신경 쓰는 감정으로, 엄마 기분 내키는 대로 하는 것이다. 엄마가 화난 표정으로 예민하게 반응하면 아이는 눈길을 돌린다. 엄마의 거부로 느끼고 상처를 받는다.

인간의 존재는 엄마의 젖이 전부가 아니다. 엄마의 정서적 안정이 중요하다. 산후 우울증에 걸리면 엄마가 예민해져서 아이의 정서적 안정에 치명타가 될 수 있다. 엄마의 예민한 반응은 아이의 애착 형성에 부정적인 영향을 미치게 되어 아이가 집착과 결핍으로 중독자가 될 수 있다.

어떻게 불안에서 벗어날까?

다양한 방법으로 불안에서 벗어날 수 있다.

'불안 먼저 알아차리기'

아, 내가 지금 또 불안에 끌려가고 있구나!

불안을 알아차리는 순간, 불안은 이미 힘이 약해진다.

'생각과 사실 구분하기'

생각 : 큰일 나면 어떡하지?

사실 : 아직 아무 일도 일어나지 않았다.

'불안을 억지로 없애려 하지 않기'

불안을 없애려고 할수록 오히려 더 커진다.

불안은 잠시 지나가는 감정으로 받아들이는 것이 중요하다.

'몸을 안정시키기'

깊은 호흡, 명상, 산책, 가벼운 운동, 햇빛 보기….

'완벽 마음 내려놓기'

불안 중독의 뿌리는 대부분 완벽하려는 마음이다. 조금 부족해도 괜찮다. 이 생각이 불안을 줄인다. 불안은 없애야 할 적이 아니라, 이해해야 할 신호다.

어떻게 대화해야 할까?

불안의 상태를 있는 그대로 보는 수용이다. 이것이 대화의 첫걸음이다. 부모가 자녀를 판단하는 순간 자녀는 대화를 거부하거나 회피한다. 자녀와 대화가 어렵다고 하소연하는 대부분의 부모들은 판사가 되어 있다. 자녀는 판단의 대상이 아니다. 존중의 대상이다. 아이가 스스로 느끼고 판단하게 해야 한다.

불안한 자녀의 마음을 공감해 주면서 부모의 마음도 표현해야 한다.

"게임 재미있지?" 먼저 공감을 해준다.

"시험이 얼마 남지 않는데, 아들이 게임을 계속하면 엄마는 걱정이 된다."라고 말하고 부모의 마음을 솔직하게 표현해야 한다. 그래도 자녀는 게임을 계속할 수 있다.

이럴 때는 어떻게 해야 할까?

어렵고 힘든 문제다. 그래도 부모는 자녀의 마음을 존중해야 한다. 자녀는 게임을 하면서도 미안한 마음이 있는 것이다. 자녀는 언젠가 부모에게 용돈 같은 도움을 요청할 때가 있다. 그때 자연스럽게 게임 시간을 조율할 기회로 활용한다. 그 때도 조율이 쉽지 않을 수 있다. 그러면 또 기다려야 한다. 부모는 인내할 수 있어야 한다. 행동하는 것은 아이이지 부모가 아니다. 아이의 생각을 최대한 존중해야 한다. 아이의 의견을 물어야 한다. 부모의 일방적인 판단이나 지시는 부작용만 키우게 된다.

현실은 어떻게 하고 있는가?

게임 정지, 용돈 감액, 화냄, 폭력, "말도 걸지 마", "고개 못 들고 다녀"….
이것은 대화가 아니라 폭력이다. 대부분의 부모들이 폭력적인 방식으로 대응하고 있다. 그러면 자녀의 불안은 더 강화되어 중독되기 쉽다. 부모의 생각과는 전혀 반대로 흘러간다. 그 후폭풍은 이만저만이 아니다. 특히 사춘기 때는 더 심하다.

도박, 폭력, 분노, 반항, 학업 포기, 가출….

부모가 감당해야 할 몫이다. 부모는 선택과 책임이 있다.

분노할 때 어떻게 대화해야 할까?

'긴 호흡하기'

분노는 0.2초. 상대 반응은 6초 걸린다.

자녀가 분노하면 부모는 6초 동안 긴 호흡할 시간의 여유가 있다. 순간적으로 분노가 확 낮아진다. 분노에 바로 반응하면 감정과 감정이 부딪쳐서 폭발한다.

'잠깐만 대화'

감정이 확 올라 올 때 "잠깐만"이라고 신호를 보낸다. 지금은 감정이 상해 있으니 한 시간 또는 하루가 지난 후에 대화를 하자고 제안한다. 이것을 사전에 자녀와 약속을 하면 좋다. 이유는 감정에 감정으로 반응하면 갈등이 더 격화되기 때문이다. 그러면 본질은 사라지고 감정만 남아 있다. 본질인 뿌리는 없고 감정인 나무만 있는 격이다.

'사실에 근거한 대화'

감정이 아닌 사실(fact)에 근거하여 대화한다. 서로 공통 이해가 되는 지점이 생긴다. "그런 이유가 있었구나. 그럴 수밖에 없었네!" 공감을 하다 보면 스스로 자신의 잘못도 어느 정도 있다는 것을 알게 된다.

인간은 누구나 자기애(Narcissism)가 있어 자기중심적으로 생각하고 잘못을 상대 탓으로 돌리는 경향이 있다. 자기애가 100%라고 하면, 80%로 낮추는 것이 불안과 중독을 줄이는 핵심이 될 수 있다. 흔히 말하는 욕심을 내려놓는 것이다.

3.
중독의 메커니즘

●

불안과 공황 그리고 중독은 심리적으로 서로 연결되어 있다.

2017년 세계보건기구(Who) 통계에 의하면, 불안장애 환자가 약 3억 명 이상이다. 평생 불안장애 경험률은 약 28~30%라고 한다.

2021년 보건복지부와 질병관리청의 정신건강실태조사에 의하면, 우울·불안 포함 정신건강 문제 경험은 20% 이상이라고 한다. 부모의 양육스트레스에 관한 연구에서는 부모의 스트레스 수준이 일반 성인보다 높았다. 특히 자녀의 학업, 행동, 스마트폰 등 문제가 있을 때, 불안·스트레스가 크게 증가한다고 했다.

고아가 된 불안과 다리를 잃은 불안

"MBN, 특종세상"에서 다리가 없는 남자가 매일 달리는 사연이다. 제가 몸은 불편하지만은 공자는 안받는다. 다음에 뵙겠다. 세상의 얄팍한 편견에 단호히 선을 긋는다.

깔끔하게 정돈된 그의 집은 그를 대변한다. 매일 밤 30킬로그램 떡상자를 메고 거리를 질주하는 남자다. 매질을 견디고 고아원에 버려진 소년이었다.

열 살 때 신호위반 버스에 치어 다리마저 잃고 철저히 혼자가 되었다. 내가 다리에 다친게 아픈게 아니라 사람한테 버렸다는게 마음이 아팠다.

태어났을 뿐인 그의 삶은 절망으로 가득차 있었다. 죽고 싶은 마음도 있었고, ㅈㅅ 시도도 몇 번 했었다. 수없이 무너졌던 마음... 우연히 읽은 책 한 권에서 깨달음을 얻고 다시 일어났다.

사람이 절망했을 때 죽음에 이르는 병에 걸리는 거지 다리가 아프다고 해서 내가 혼자라서 그게 죽음에 이르는 병이 아니다.

스스로 희망을 만들어 낸 거리의 철학자다. 우리 시대의 진짜 기억해야 할 영웅의 모습이다.

이처럼 불안이 있어도 희망을 만들어 내는 사람도 있지만 대부분의 사람들은 불안이 있으면 좌절을 경험하게 된다. 그래서 불안을 조절할 수 있는 능력이 중요한 것이다.

불안

불안은 사람이 지속적으로 긴장하고 걱정하는 상태다. 마음속에 '혹시 문제가 생기면 어떡하지?' 하는 생각이 계속 생긴다. 대표적인 것이 불안장애다.

"심한 불안"의 임상기준 (DSM 5)

범불안장애 기준

- 6개월 이상 과도한 걱정

- 통제 어려움

- 다음 중 3개 이상

안절 부절

쉽게 피로

집중 어려움

과민/짜증

근육 긴장

수면 문제

'불안 장애(Anxiety Disorder)'

불안 장애의 특징은 지속적인 불안 상태다.

이유 없이 지속적으로 불안, 걱정이 계속 머릿속에 맴돎, 긴장, 초조, 불면….

공황은 불안이 계속 쌓이다가 어느 순간 갑자기 폭발하는 상태다. 심장이 빨리 뛰고 숨이 막히며 큰 공포가 몰려온다. 곧 죽을 것 같은 느낌이다. 대표적인 질환이 공황 장애다.

'공황 장애(Panic Disorder)'

공황 장애의 특징은 불안의 폭발이다.

갑자기 강한 공포가 몰려옴, 심장이 빨리 뛰고 숨이 막힘, 죽을 것 같은 느낌….

공황의 뿌리는 절망이다. 시멘트 바닥이 폭신하게 보일 수 있다. 자살 충동을 일으킬 수 있다.

'중독(Addiction)'

중독은 불안과 공황의 고통을 피하기 위한 어떤 대상에 의존하는 상태다.

 당신은 지금, 자녀와 전쟁 중인가?

중독과 도파민

조현병 : 도파민 과다는 환청, 망상이다. 도파민 부족은 의욕 저하, 감정 둔화다.

파키슨병 : 도파민의 부족이다.

우울증 : 도파민이 부족하면 시작 버튼이 안 눌린다. 무기력, 흥미 상실, 나는 가치 없는 사람이라고 자기 비난을 한다.

ADHD : 도파민 부족은 숙제를 미루는 등 시작을 안 한다. 도파민이 과하면 과몰입하여 게임에 집중한다. 충동적으로 행동한다.

조울증 : 도파민 과다는 조증(너무 올라감)이고, 도파민 부족은 우울증(너무 내려감)의 두 상태가 반복되는 것이다.

중독의 뿌리는 갈망이다. 될 듯 말 듯한 흥분이다.

중독의 메커니즘

불안 → 공황 → 고통 → 회피 → 중독

불안이 계속 쌓이면 공황이 되고, 공황의 고통을 피하려다 중독이 시작된다.

부모 불안

부모 불안 → 자녀 불안 → 중독으로 이어진다.

부모의 불안은 자녀에게 전염되고, 전염된 불안은 결국 중독으로 나타난다.

부모의 불안은 자녀의 마음에 그대로 전달되고, 그 불안을 견디지 못할 때 아이는 숨을 쉬기 위해 다른 숨구멍인 중독에 빠지게 된다.

중독의 뿌리는 의지의 문제가 아니라, 불안에서 시작된다. 부모의 불안이 줄어들 때, 자녀의 중독도 함께 줄어든다.

아이의 문제는 아이에게서 시작되지 않는다. 대부분은 부모의 불안에서 시작된다.

부모의 불안 중독은 말보다 빠르게 자녀에게 전염된다. 무엇보다 가장 중요한 것은 부모의 불안이 강하면 자녀에게도 그대로 전염되어 대물림을 하게 된다. 무섭고 소름끼치는 일이다. 멈추어야 하지만 쉽지 않다.

부모의 불안이 대물림되는 것을 알고 있을까?

부모들이 잘 알고 있을 것 같지만 그렇지 않다. 머리로는 이해가 될지 모르겠으나 감정적으로 이해되기가 어렵다. 이유는 타고난 기질과 환경에 의해 습관적으로 불안한 행동을 해왔기 때문이다. 오른손을 쓰던 사람이 갑자기 왼손을 쓰려면 불편하여 다시 오른손을 쓰는 것과 마찬가지다. 설사 머리로 이해가 되더라도 실천이 어려운 이유다.

부모 자신의 불안이 대물림되어 중독이 되는 것을 끊지 않으면 부모의 숨구멍도 막힌다. 유아기 때부터 자기 조절 능력과 정서 표현의 예방 교육은 가정에서부터 시작해야 한다. 그것이 부족할 때는 자기와의 관계 회복을 할 수 있도록 상담 치료를 병행해야 한다. 그리고 치료자 역할은 아이들에게 안전 공간을 제공하고 자기 기능을 할 수 있도록 도와주어야 한다.

[사례] 불안으로 자퇴하려던 특목고생을 반장으로

○○특목고 1학년 학생의 사연이다. 학생은 자퇴 후 검정고시를 보겠다고 했다. 이를 반대하는 어머니와 심한 갈등을 겪던 중, 학생은

 당신은 지금, 자녀와 전쟁 중인가?

방 안의 물건을 던지며 폭력을 행사했다.

어머니는 놀라 경찰에 신고했고, 경찰은 ○○가정폭력상담소에 심리 상담을 의뢰했다.

학생에게 "불안하니?"라고 물었다. 그렇다고 했다. 그 이유를 묻자, 검정고시를 보고 싶은데 어머니가 허락하지 않는다는 것이었다.

왜 검정고시를 선택하려 할까? 학생은 특목고에 다니는 것보다 검정고시를 통해 대학에 진학하는 것이 더 쉽다고 생각하고 있었다.

이에 특목고 졸업과 검정고시의 차이점을 설명해 주었다. 특목고에서 성적이 하위권이라 하더라도, 형성된 인맥은 이후 사회생활에 큰 도움이 될 수 있다. 반면 검정고시는 높은 점수를 받아도 진학 가능한 대학의 폭이 상대적으로 제한적이며, 이후 인맥 형성에도 어려움이 있을 수 있다.

이 설명을 들은 학생은 눈을 감고 잠시 생각에 잠겼다가 입을 열었다.

사실 중학교 시절까지는 영어를 잘했다. 그러나 특목고에 입학해 보니 해외에서 생활하다 온 학생들이 많아 도저히 따라갈 수 없었다. 자존심이 상했고, 어머니가 걱정할까 봐 영어 때문에 자퇴하려 한다는 사실을 말할 수 없었다는 것이다.

"그런 일이 있었구나." 충분히 공감해 주었다. "솔직하게 말해줘서 고맙다." 이어서, 이러한 상황을 모르는 어머니 입장에서는 이해하기 어려울 수밖에 없다는 점도 함께 설명했다. 학생은 야단을 맞을까 두려워 솔직한 마음을 말하지 못했던 것이다.

긍정적인 감정뿐만 아니라 부정적인 감정까지도 받아들여 줄 때, 자녀와의 진정한 대화가 가능해진다.

이제 선택은 학생의 몫이었다. 학생은 3일의 시간을 달라고 했다.

그렇게 하라고 했다.

3일 후, 학생에게서 연락이 왔다. 특목고에 계속 다니겠다는 결정이었다.

성장기의 자녀에게는 일방적으로 가르치기보다 스스로 선택할 수 있도록 존중해 주는 것이 중요하다. 소크라테스의 산파술처럼, 질문과 대화를 통해 스스로 깨닫고 답을 찾게 해야 한다.

소크라테스의 대화법은 바로 이러한 원리를 보여준다. 또한 스티브 잡스는 "소크라테스와 대화할 수 있다면 애플의 모든 기술을 포기할 수 있다"고 말한 바 있다.

이는 곧 '생각하는 방법'을 배우는 것이 그만큼 중요하다는 의미다. 속도나 성과보다 중요한 것은 스스로 사고하고 방향을 설정하는 힘이다.

과연 우리 부모들은 어떠한가?

이후 확인해 보니, 학생은 2학년 때 반장을 맡았다. 그리고 고등학교 졸업 후 상위권 대학 경영학과에 진학했다는 소식을 들을 수 있었다.

4.

인터넷·스마트폰 중독

●

2023년 과학기술정보통신부의 스마트폰 과의존 실태 조사에 따르면, 청소년(10~19세)의 40.1%가 '과의존 위험군'으로 나타났다. 이는 성인(22.7%)의 약 2배에 달하는 수치로 청소년기가 중독에 가장 취약한 시기임을 보여준다.

2024년 여성가족부의 '청소년 미디어 이용 습관 조사' 결과, 위험군 중학생 비중이 약 40.6%로 가장 높았다. 초등학생이 26.2%이고, 고등학생이 33.0%다.

그렇다면 왜 중학생이 많을까?

정신분석적 관점에서 보면 이 시기는 '제2의 개별화 시기'다. 부모로부터 심리적으로 독립하려는 불안감이 극에 달할 때, 인터넷과 스마트폰이 부모를 대체하는 '안전 기지' 역할을 해주기 때문이다. 아이는 엄마의 품을 안전 기지로 삼고, 안전 기지로부터 힘을 얻어 세상을 탐색하고 모험한다.

'게임에서 숏폼'

현재 청소년의 새로운 트랜드는 '게임에서 숏폼(Short-form)으로' 옮겨지고 있다. 과거에는 온라인 게임 중독이 주류였으나 최근에는 유튜브, 쇼츠, 인스타그램, 릴스, 틱톡 등 '짧은 영상' 소비가 급증했다. 2024년 조사 결과, 청소년의 94.2%가 숏폼 콘텐츠를 이용한다고 응답했다. 숏폼이 나쁜 이유는 팝콘 브레인(Popcorn Brain)과 참을성의 상실을 초래하기 때문이다.

청소년들이 1분 미만의 적극적인 영상에 익숙해지면서, 독서나 대화를 견디지 못하는 현상이 나타난다. 이는 정신분석가 비온(W. Bion)이 말한 '생각하기(Thinking)' 기능의 마비다. 숏폼은 고통스러운 감정을 느낄 새도 없이 뇌를 마비시켜 '소화되지 않은 정신적 요소'들만 쌓이게 된다.

'스마트폰 중독의 저연령화'

초등학교 저학년(1~3학년)의 과의존 비율이 지속적으로 증가하고 있다. 이로 인해 양육자와의 상호작용인 눈 맞춤이나 스킨십이 줄어들고, 기계가 아이를 돌보는 '디지털 유모' 현상이 고착되고 있다. 양육자도 중독되어 있어 이러한 상황을 심각하게 받아들이지 않고, 유아와 함께 인터넷, 스마트폰 의존 중독으로 빠져든다.

'스마트폰은 우울·불안의 정신적 은신처'

스마트폰 중독 청소년의 상당수가 우울증, ADHD, 사회불안을 동반한다. 스마트폰은 우울·불안의 정신적 은신처 역할을 한다. 스마트폰 중독은 그 자체가 병이라기보다는 "나는 외롭고 불안해요."라고 외치는 구조 신호(SOS)이다. 아이들은 화면 속으로 도망친 것이 아니라, 현실의 고통에서 살아남기 위해 스마트폰을 붙잡은 것이다. 이러한

 당신은 지금, 자녀와 전쟁 중인가?

무의식을 이해하게 되면 '스마트폰을 뺏어야겠다가 아니라, 아이들의 마음속 빈 구멍이 이렇게나 크구나!'를 먼저 느껴야 한다.

'정신분석의 무의식 관점에서 본 중독'

정신분석학적 개념을 통해 본 디지털 중독의 원인과 치유 방안을 마련하는 것이 중요하다. 그리고 행동의 교정을 넘어, 스마트폰 뒤에 숨겨진 마음의 결핍과 불안을 이해하고 성숙한 의존으로 나아가기 위해서는 정신분석 관점에서 살펴볼 필요가 있다.

왜 인터넷, 스마트폰은 매력적인가?

행동주의 관점에서 보면 스마트폰은 '도파민'이라는 보상을 주기 때문이다. 정신분석 관점에서 보면 불안, 외로움, 결핍을 피하려고 인터넷, 스마트폰으로 도피한다. 그러므로 인터넷, 스마트폰 중독은 단순한 기계가 아닌 심리적 대상으로 접근해야 한다.

정신분석 관점은 이에 대한 명료한 답을 준다. 위니캇(D. W. Winnicott)은 "존재함(Beling)과 놀이(Playing)의 즐거움이 사라진 자리에 중독이 들어선다."라고 주장한다. 위니캇의 이론을 통해 스마트폰 중독을 해석해 보면, 스마트폰은 외로운 아이나 성인이 꼭 쥐고 있는 낡은 담요이다.

위니캇의 정신분석학 관점에서 본 중독

'중간 대상물'

위니캇의 '중간 대상' 개념은 아이들이 애착을 갖는 담요와 곰 인형을 중간 대상물로 삼고 있다면, 청소년이나 성인은 스마트폰이 곰, 인형과 같은 역할을 한다고 했다. 아이는 엄마와 떨어져 있을 때의 분리 불안을 달래 주는 도구로써 인형을 사용한다. 중간 대상은 유아의 심리적 불안을 달래 주는 완충 역할을 한다. 스마트폰은 성인의 쪽쪽(Pacifier, 공갈 젖꼭지)이자 애착 담요이다. 많은 이들이 잠들기 직전까지, 그리고 눈을 뜨자마자 스마트폰을 찾는다. 이는 세상과 분리되는 불안과 세상과 마주해야 하는 불안을 달래 주는 중간 대상 역할을 하기 때문이다.

건강한 아이는 자라면서 곰, 인형에 대한 집착을 서서히 놓아주지만, 중독자는 스마트폰이라는 중간 대상에 고착(Fixation)되어, 이것 없이는 1분도 안심할 수 없는 영원한 유아 상태에 머물게 된다.

'수동적인 존재'

스마트폰을 사용하는 동안 중독자는 수동적 존재가 된다. 이는 주는 대로 받아먹는 아이와 같다. 젖병을 빠는 것과 같은 구강기적 만족감과 진정 효과를 준다. 이런 아이는 복잡한 현실을 잊고 즉각적인 만족의 세계로 도피함으로써 구강기의 욕구를 채운다.

'창조적인 놀이 공간 상실'

아이의 잠재적인 공간이 비어 있어야 상상력이 발휘되는데, 스마트폰이 이 공간을 빽빽하게 채워 버려 '창조적인 놀이'가 들어설 자리가 없게 된다. 그래서 스마트폰 중독은 "창조적 놀이의 공간 타락"이라고 한다.

'거짓 자기'

엄마가 아이의 욕구를 읽어 주지 못하고 자신의 욕구를 강요하면, 아이는 엄마의 욕구에 맞추기 위해 순응하는 거짓 자기(False Self)를 발달시키고, 참 자기(True Self)를 깊은 곳에 숨긴다. 'SNS는 거짓 자기의 전시장'이라는 말이 있다. 현실에서 나의 참 자기가 약하고 찌질한 모습이 드러내면 거절당할까 봐 두려운 사람들은 스마트폰 속에서 완벽하게 연출된 거짓 자기로 살아갈 수 있다. 이런 타인의 시선에 끊임없이 순응하는 과정에서 진짜 내 모습은 점점 더 고립되고 공허해진다. 스마트폰을 놓는 순간 밀려오는 공허함은, 바로 이 숨겨진 참 자기의 외로움이다.

'혼자 있을 수 있는 능력'

어릴 때 엄마가 곁에서 편안하게 지켜봐 주는 경험(Holding)을 충분히 한 아이는 커서도 혼자 있는 시간을 불안해하지 않고 즐길 수 있다. 스마트폰 중독자들은 물리적으로 혼자 있어도, 심리적으로 끊임없이 누군가와 연결(카톡, SNS, 방송)되어 있으려 한다. 이는 역설적으로 혼자 있어 본 경험이 없음을 의미한다. 마음속에서 든든한 내적 대상인 엄마가 없기 때문에, 기계적인 연결로 그 빈자리를 메우려는 것이다.

'충분히 좋은 엄마'

완벽한 엄마가 아니라, 충분히 좋은 엄마이면 괜찮다. 청소년에게 필요한 것은 스마트폰을 완벽하게 통제하는 감시자가 아니다. 그가 스마트폰을 내려놓고 현실로 돌아왔을 때, 비난하지 않고 그저 곁에 있어 주고 안아주는 환경이다. 엄마, 아빠와 눈을 맞추는 게 더 안전하고 재밌다는 느낌, 그 느낌이 바로 치유의 시작이 된다.

코헛의 자기심리학적 관점에서 본 중독

코헛(Heine. Kohut)은 스마트폰이 나를 비춰 주는 거울이 된다. 현실의 초라한 나(Real Self)를 감추고, 속의 이상적인 나(Ideal Self)와 사랑에 빠진 상태다. 타인을 진정한 교류의 대상이 아닌, 나의 자존감을 채워 주는 도구로 사용하고 있다.

코헛의 자기심리학은 현대인의 스마트폰 중독과 인정 욕구를 설명하는 데 가장 탁월한 도구다. '코헛은 나라는 존재가 부서지지 않고 생명을 유지하기 위해' 스마트폰을 붙잡는다고 했다. 스마트폰은 무너져 내리는 자아를 지탱해 주는 지팡이이고 대체물이다.

'자기 대상의 스마트폰'

아이가 "엄마, 나 봐봐!" 할 때 엄마가 눈을 반짝이며 반응해 주어야 건강한 자존감이 생긴다. 중독된 청소년은 현실에서 충분히 인정받지 못한 배고픈 자아는 SNS로 달려간다. 인스타그램의 '좋아요'와 '댓글'은 단순한 숫자가 아니라, "너는 가치가 있어, 너는 살아 있어!"라고 말해 주는 거울이다. 스마트폰을 놓지 못하는 이유는, 화면이 꺼지면 자신의 존재감도 함께 꺼지는 듯한 공포를 느끼기 때문이다.

"나는 대단한 것과 연결되어 있어." 현실의 나는 무력하고 작지만, 스마트폰과 유튜브와 연결되는 순간, 나는 무엇이든지 알 수 있고, 무엇이든 볼 수 있는 전능한 존재와 하나가 된다. 유명 유튜버나 인플루언

 당신은 지금, 자녀와 전쟁 중인가?

서를 구독하며 그들의 화려한 삶에 자신을 일체화시켜 초라한 현실을 잊는다.

"난 혼자가 아니야." 온라인 커뮤니티나 게임 길드에서 나와 같은 취향, 같은 말투를 쓰는 사람을 보며 안도한다. 물리적으로 고립되어 있어도 '나와 같은 사람이 여기 있다.'라는 느낌으로 자아를 지탱한다.

'자기 파편화와 접착제'

자아를 유지해 주는 자기 대상이 없으면, 자아가 산산조각이 나는 파편화(Fragmentation) 현상이다. 이는 극심한 불안이다. "스마트폰은 마음의 접착제다."라는 말이 있다. 이는 아무것도 하지 않을 때, 중독자들은 마음이 흩어지는 듯한 불안을 느낀다. 스마트폰은 미쳐 버리지 않기 위한, 자아 붕괴를 막기 위한 처절한 노력이다.

'자기애적 격노(Narcissistic Rage)'

부모가 가장 힘들어 하는 부분이 있다. "폰을 뺏으면 아이가 눈이 뒤집혀서 화를 내요!"라는 말의 하소연이 이를 완벽하게 설명하고 있다. 이는 단순한 화가 아니다. 자아의 일부라고 믿었던 대상이 떨어져 나갈 때 느끼는 생존의 위협이다. 그리고 그에 대한 폭발적인 반응이다.

"장난감을 뺏긴 게 아니라, 팔다리가 잘린 것이다!"

부모가 스마트폰을 강제로 뺏는 행위는, 아이에게 자기의 신체 일부를 단절하거나 산소호흡기를 떼는 것과 같은 자기애적 손상으로 받아들여진다. 그래서 부모에게 욕을 하거나 물건을 부수는 등의 극단적인 '자기애적 격노'가 튀어나오는 것이다.

'치료의 핵심'

아이가 스마트폰을 한 번에 끊을 수는 없다. 아이가 스마트폰 없이 조금 심심해할 때, 조금 불안해 할 때 부모가 그 옆에서 최적의 좌절을 경험하게 해야 한다. 스마트폰 대신 엄마가 아이의 눈을 보고 "심심하지? 그래도 엄마랑 있으니까 괜찮아."라고 반응해 주는 그 수만 번의 순간들이 쌓여야 아이는 비로소 스마트폰이라는 외부의 뼈대 없이도 스스로 서 있는 내면의 힘을 갖게 된다.

비온의 정신분석학적 관점에서 본 중독

'생각하기 회피'

비온(W, bion)에게 생각(Thinking)은 저절로 생기는 것이 아니라, 좌절(Frustration)을 견딜 때 탄생한다고 했다. 아이기 배가 고플 때 즉시 나오지 않으면 '부재(No-Thing)'를 경험하게 한다. 이 고통스러운 부재의 순간을 견뎌낼 때, 아이는 엄마를 상상하며 생각이라는 것을 시작한다.

중독자는 이 부재의 공포를 단 1초도 견디지 못하는 상태이다. 심심함, 외로움, 불안이 찾아오는 순간(부재), 이를 생각으로 처리하는 대신 스마트폰이라는 '즉각적인 대체물'로 구멍을 막아 버린다. 스마트폰 중독은 생각이 태어날 기회를 박탈하는 행위이다.

'베타 요소의 배설'

베타 요소(Evacucation of Beta Elements)란 소화되지 않은 날 것의 감각, 공포, 불안을 말한다. 이는 마치 뱃속에 돌덩어리가 든 것처

 당신은 지금, 자녀와 전쟁 중인가?

럼 느껴진다. 하지만 알파 기능(Alpha Function)은 베타 요소를 꿈이나 생각으로 바꾸는 소화능력을 말한다. 중독자는 마음의 알파 기능이 고장 난 상태다. 현실의 베타(스트레스) 요소가 들어오면, 이를 소화해서 의미를 찾는 대신 행동으로 토해 낸다. 게임, 숏폼, 넘기기 등은 의미를 찾는 행동이 아니라, 마음 속에 쌓인 불쾌한 감각들을 밖으로 배출하려는 운동에 가깝다. 즉 이렇게 쌓인 마음의 불쾌한 감정들을 해독하려고 밖으로 배출하는 것이 인터넷, 스마트폰, 숏홈, 게임 등이다.

'진실에 대한 증오'

스마트폰 중독은 '알지 않으려는(Not knowing) 시도'이다. 나의 비참한 현실, 부모와의 갈등, 미래에 대한 불안이라는 진실을 마주하는 것이 너무 고통스럽기에, 스마트폰 속의 가상 세계로 들어가 현실 감각을 마비시키는 것이다.

'아이 불안 못 받아주는 엄마'

엄마는 아이의 불안을 받아주고(Contain) 해독해서 돌려줘야 한다. 하지만 스마트폰은 불안을 받아주는 척하지만, 실제로는 그것을 해결해 주거나 위로해 주지 않는다. 해독할 수 있는 기능이 없다. 오히려 스마트폰은 사용자의 시간을 빨아들이고, 사용 후 더 큰 허무함을 돌려준다. 즉 영양가는 없고 배설물만 가득 채우는 대상일 뿐이다.

'마음의 소화불량'

우리는 체했을 때 손을 따거나 토를 하면 시원해지듯이, 마음도 소화되지 않는 불안 덩어리(베타 요소)가 있으면 그걸 빨리 밖으로 내보내고 싶어 한다. 아이들이 스마트폰을 미친 듯이 터치하는 것은 게임이 재미있어서가 아니라, 마음속의 불편한 감정을 손가락 끝으로 배설하고 있는 것이다. 이런 아이의 마음은 심각한 소화불량 상태이다.

'좌절을 견디기'

비온은 "무언가 없는 상태를 견딜 때 생각이 자란다."라고 했다. 심심해서 창의력이 생기고, 외로워야 사람 귀한 줄 안다. 하지만 스마트폰은 무언가 없는 상태를 0.1초 만에 채운다. 그래서 우리 아이들은 기다릴 수 있는 근육이 다 녹아 버린 상태다. 중독 치료는 스마트폰을 뺏는 것이 아니라, 기다리는 근육을 다시 키워 주는 재활 훈련이 있어야 한다.

'공허함과 결핍'

인간은 근본적으로 결핍된 존재이며, 스마트폰은 인간의 '채워지지 않는 구멍'을 메우려는 환상(Fantasy)이다. 정보는 끊임없이 새로 고치는 행위다. "이번 만은 내가 원하는 무언가가 나올 거야!"라는 무의식적 기대를 갖지만, 결코 완전히 충족될 수 없다.

'통제감의 환상'

현실 세계는 내 마음대로 되지 않는다. 하지만 스마트폰 속 세상은 내 손가락 하나로 통제가 가능하다. 무력감을 느낄수록 통제가 가능한 스마트폰 세계로 숨어든다.

　　　　　당신은 지금, 자녀와 전쟁 중인가?

[사례] 방문을 걸어 잠그고 대화를 거부하는 중3 학생

중학교 3학년 학생의 사연이다. 자기 방 문을 꽁꽁 걸어 잠그고 열어주지 않는다. 부모가 대화를 시도하며 아무리 문을 두드려도 대답이 없다. 답답하기 그지없다. 이런 모습은 우리 주변에서 흔히 볼 수 있다.

어떻게 해야 할까?

일단은 내버려 둘 필요가 있다. 부모의 인내가 요구된다. 언젠가는 부모가 필요한 순간이 온다. 자녀가 먼저 대화를 걸어올 때까지 기다려야 한다.

가끔 엄마에게 용돈을 달라고 할 때가 있다. 그때가 바로 대화를 시도할 수 있는 순간이다. 이때 부모는 부드러운 눈빛과 밝은 표정으로 아이를 대해야 한다.

"많이 힘들지?"라는 말로 위로와 공감을 전하고, 부모 역시 부족한 점이 있었음을 일부 인정한다. 그러면 자연스럽게 대화가 이어진다.

자녀가 원하는 용돈을 준 뒤, "엄마가 한 가지 부탁해도 될까?"라고 조심스럽게 묻는다. 이때 아이가 말을 들어보겠다는 태도를 보일 수 있다. 부모의 생각은 어디까지나 부드럽게 전달되어야 한다.

"방에만 있으면서 게임을 해서 걱정이 된다. 시간을 조금 조절해 볼 수 있을까?"라고 묻는다. 그러면 대부분의 학생들은 "조절해 볼게요."라고 답한다. 물론 감정이 격해진 상태라면 아무 말도 하지 않을 수 있다.

그럴 때는 "한번 생각해 보자"고 여지를 남긴다. 그러면 대개 몇 시간 후, 스스로 게임 시간을 줄이고 공부를 하겠다고 말하기도 한다. 아이들도 어른 못지않게 생각하는 존재다.

현실은 어떠한가?

게임기를 빼앗고, 용돈을 끊으며, 때로는 협박에 가까운 방식으로 통제하려 한다. 그 결과 갈등은 더욱 심해지고, 학교폭력이나 가출로 이어지기도 한다. 이는 자녀가 고통과 불안을 회피하기 위한 방어 반응이다.

과연 부모들은 이러한 심리를 얼마나 알고 있을까? 아는 것 같지만, 실제 상담 현장에서는 거의 모르는 경우가 많다.

부모가 편안해야 아이도 편안하다. 부모가 해야 할 일은 자신의 불안을 낮추는 것이다. 그러면 아이의 문제는 자연스럽게 풀릴 가능성이 높아진다.

[사례] 6개월 동안 두문불출하는 청년

방에 틀어박혀 두문불출하는 30대 초반 청년의 사연이다. 부모의 이혼 이후 모든 의욕을 잃고, 스마트폰과 게임에만 몰두하는 중독 상태였다.

이를 지켜보던 아버지는 답답한 마음에 야단을 쳤고, 그 과정에서 가정폭력이 발생해 경찰에 신고되었다. 이후 경찰은 ○○가정폭력상담소에 심리상담을 의뢰했다.

사건의 내용은 다음과 같다.

청년은 부모로부터 야단을 듣거나 무시당하는 말을 자주 들었다. 죄책감으로 참고 또 참다가 결국 분노가 폭발해 아버지에게 폭력을 행사한 것이다.

겉으로 보면 체격도 좋고 태도도 단정하며, 언변도 뛰어나 가정폭력을 저질렀다고는 쉽게 믿기 어려운 사람이었다.

SCT 검사를 진행했다. "부모님"이라는 단어를 들었을 때 떠오르는 생각을 말하게 했는데, 그의 답은 '불안'이었다. 어린 시절 부모가 싸우는 모습을 자주 목격했던 것이다.

그 불안은 트라우마로 남아 깊은 상처가 되었다. 그는 그 고통을 회피하고자 작은 즐거움을 찾다가 게임과 스마트폰에 의존하게 된 것이다.

중독을 치유하기 위해서는 게임이나 스마트폰보다 더 큰 의미와 즐거움이 필요하다. 단순한 통제는 오히려 집착을 강화시킬 뿐이다.

성격 분석 결과, 그는 리더십이 뛰어난 유형이었다. 이 강점을 잘 개발한다면 사회에서 충분히 큰 역할을 할 수 있는 잠재력을 지니고 있었다. 이에 적합한 직업과 리더십 발휘 방향에 대해 설명해 주었다.

청년은 놀라며 "제게 그런 능력이 있는 줄은 처음 알았습니다"라고 말했다. 이는 자신감이 형성되는 중요한 순간이었다.

나는 다시 물었다. "지금처럼 살 것인가, 아니면 자신의 리더십을 발휘하며 새로운 삶을 살 것인가?" 선택의 문제였다. 어떤 선택을 하든 다시 절망의 순간은 찾아온다. 그러나 그것을 넘어서기 위해서는 피나는 노력이 필요하다.

청년은 "남자답게 살고 싶습니다"라고 답했다. 이후 그는 방에서 나와 과거에 하던 일을 다시 시작했고, 성실하게 살아가고 있다는 소식을 전해왔다.

결론 및 치유

'금지 아닌 이해'

스마트폰에 중독된 아이에게서 무조건 뺏거나 사용을 금지하는 것은 '박탈의 공포, 거세 불안'을 자극하여 저항만 키운다. "스마트폰 하

지 마!"가 아니라, "스마트폰을 통해 어떤 마음을 위로받고 있니?"라고
물어야 한다.

'진짜 대상(Object) 찾기'

스마트폰(가짜 대상)이 대체하고 있는 것이 무엇인지를 파악하는 것
이 중요하다. 외로움인가? 인정 욕구인가? 휴식인가? 그리고 견디는
힘을 길러야 한다. 심심함과 고독을 견디는 능력(Negative Capabili-
ty)이 창조의 원천이다.

'결론'

"스마트폰을 내려놓는 것은 세상과의 단절이 아니라, 진정한 나 자
신과 타인을 만나는 시작이다."

　　　　　당신은 지금, 자녀와 전쟁 중인가?

2장.
부모의 상처 치유와 행복

1.

부모가 행복해야 자녀도 행복

● 행복이란?

우리는 부모의 도움을 받아 성장하게 되고, 나도 언젠가는 부모가 된다. 부모가 되는 것은 참으로 기쁜 일이다. 그러나 걱정과 염려되는 부분도 있다.

왜 그럴까?

'부모 역할을 잘 할 수 있을까?'

'자녀를 잘 키울 수 있을까?'

이러한 불안 심리 때문이다. 그만큼 부모 역할이 어려운 것이다. 그래서 준비 없는 부모가 될 수 있다는 생각을 지양해야 한다. 청춘 남녀들이 결혼을 미루는 이유가 될 수도 있다.

인간의 삶은 로봇처럼 정확하게 입출력 값을 정할 수는 없지만, 하나의 수학 공식처럼 존재하는 것은 분명하다.

이유는 상대가 경청을 잘 하면 나도 경청할 줄 알고, 상대가 공감을 잘 하면 나도 공감할 줄 알고, 상대가 사랑을 잘 하면 나도 사랑할 줄 알고, 상대가 존중을 잘 하면 나도 존중할 줄 안다. 이것이 인간관계에서 존재하는 공식이다. 이 책에서는 이처럼 막연한 공식을 상담 이

론과 상담 현장에서 보고 느낀 임상 경험들을 삶의 현실에 투영하고 구체화하여 응용할 수 있도록 하였다.

자녀 교육은 부모가 건강하지 않으면 훌륭한 교육이 되기 어렵다. 자녀 교육을 잘 하기 위해서는 부모 자신의 삶을 뒤 돌아보는 것이 우선이다.

'나는 어떤 불안이 있는가?'

이 책의 내용들은 추상적인 것이 아니라 삶의 현장에서 일어나는 부모와 자녀의 관계에서 불안으로 인한 갈등의 다양한 모습을 모아 담은 것이며, 자세하게 익히면 행복한 부모가 될 수 있다.

부모가 행복해야 자녀도 행복할까?

그렇다. 부모의 삶의 모습이 자녀에게 그대로 학습되고 대물림이 되기 때문이다. 그러나 우리는 누구나 행복을 추구하지만 마음대로 되지 않는 것이 현실이다.

어떻게 해야 할까?

여러분들과 함께 행복을 찾아 여행을 떠나고자 한다.

마음의 준비를 한 만큼 행복한 여행이 될 것이다.

"삐뚤어진 마음을 바로잡는 이는 똑똑한 사람이고, 삐뚤어진 마음을 그대로 간직하고 있는 이는 어리석은 사람"이라고 성인들은 말하고 있다. 성인들은 삐뚤어진 마음의 욕심을 버리는 지혜가 있다. 부모들도 자녀에 대한 욕심에 갇혀 삐뚤어진 마음이 자리잡고 있는지 자신을 돌아볼 필요가 있다.

심리학적 관점의 행복

행복은 실체가 없다.

그러면 어떻게 알 수 있을까?

우리가 행복하다는 말은 삶이 편안한 느낌 상태에 놓여 있을 때다. 내 마음속에 편안의 에너지가 내재되어 있는 상태가 행복이다.

누구나 한 번쯤은 해외여행을 하게 된다.

이때 어떤 기분일까?

아는 사람이 한 명도 없는 처음 온 곳이기에 조금은 긴장되고 불편할 때도 있지만, 누구의 시선이나 행동에 제약을 많이 받지 않기 때문에 마음이 편안하다.

내가 이 말을 했을 때 '상대가 나를 어떻게 생각할까? 나를 비난하지 않을까? 내가 이런 행동을 하면 상대가 상처를 받지 않을까?' 하고 사사건건 의식하거나 신경을 쓰게 되면 불편하다. 그런데 외국에는 이런 상대가 적기 때문에 국내에 있을 때보다 편안하게 여행을 할 수 있는 것이다. 편안 에너지의 온도 차이다.

심리학에서 행복은 무엇인가?

심리학에서 말하는 행복은 단순한 즐거움이 아니다. 마음의 안정, 삶의 의미, 건강한 관계, 그리고 자기 수용이 함께 이루어질 때의 편안을 '행복'이라고 한다. 부모가 행복할 때 자녀도 편안한 마음으로 행복하게 성장할 수 있다.

이러한 다양한 에너지를 잘 관리하는 능력이 심리학에서 말하는 행복이라고 할 수 있다.

 당신은 지금, 자녀와 전쟁 중인가?

내 마음 구조 이해

누구나 자신의 편안 에너지를 잘 관리하고 싶지만 쉽지 않다.

그럼 어떻게 하면 에너지를 효율적으로 관리할 수 있을까?

이것을 이해하기 위해서는 마음의 구조를 알아야 한다. 마음의 구조는 의식과 무의식으로 구분할 수 있다. 마음 구조는 조해리의창(Johari Window)에서 설명하고 있다.

구분	나, 아는 영역	나, 모르는 영역
너, 아는 영역	I 개방 창	II 맹인 창
너, 모르는 영역	III 숨긴 창	IV 미지 창

I '개방 창'

'나도 알고 남도 아는 나' 영역이다.

'신뢰·소통' 영역이다.

열린 창은 나에 대해 나도 알고 상대방도 아는 영역이다. 비교적 나는 나에 대해 많이 알고 있다. 성별, 나이, 학력, 가족관계, 직업 등이다.

II '맹인 창'

'나는 모르고, 남은 아는 나' 영역이다.

'잔소리·갈등이 자주 생기는 지점" 영역이다.

맹인 창은 나에 대해 상대방은 아는데 나는 모르는 영역이다. 친구 중에 짠돌이가 있다. 지인들이 점심 값을 열 번 내면 그 친구는 한 번 낼 정도다. 그 친구가 짠돌이라는 것을 주변 사람들은 다 안다. 본인은 전혀 모르고 있다. 상대는 아는데 자신만 모르는 것이다.

Ⅲ '숨긴 창'

'나는 알고, 남은 모르는 나' 영역이다.

'감정 억압, 거리감' 영역이다.

숨긴 창은 자신이 숨기고 싶은 영역이다. 나만 알고 상대는 모르는 영역이다. 나는 지금 대학 교수다. 중학교 때 50명 중에 48등을 할 정도로 공부를 못했다. 자신만 알고 다른 사람들은 모른다.

Ⅳ '미지 창'

'나도 모르고 남도 모르는 나' 영역이다.

'위기·폭발·변화 가능성' 영역이다.

남편이 자신도 모르게 아내를 폭행하고 후회하는 경우다. 미지 창은 나도 모르고 다른 사람도 모른다. 무의식 영역이다.

'Ⅰ 개방 창, Ⅲ 숨긴 창'은 의식 영역이고, 'Ⅱ 맹인 창, Ⅳ 미지 창'은 무의식 영역으로 구분할 수 있다.

편안의 에너지를 높이기 위해서 우리는 Ⅰ '개방 창'을 확장해야 한다. 내가 감추고 있는 나의 약점을 조금씩 오픈한다. 나의 숨기고 싶은 것들을 감추기 위해 '들킬까 노심초사하거나, 누군가 알아 버린 거 아닐까?'라고 가슴 조이며 눈치를 보는 것에 쓰는 불필요한 에너지를 없애야 한다. 이것이 편안의 에너지로 전환하는 것이다. 내가 숨기고 싶은 것을 개방하고 난 후의 후련한 느낌이 바로 편안의 에너지다.

'Ⅲ 숨긴 창'은 내가 알고 있는 의식 영역이기 때문에 내가 마음만 먹으면 조절할 수 있으나, 무의식 영역이 문제다. 'Ⅱ 맹인 창, Ⅳ 미지 창"'은 나도 모르는 영역이기 때문에 개방하는 것은 상당히 어려운 일이다. 무의식을 의식으로 전환하기 위해서는 많은 노력이 필요하다.

[사례] 무의식의 의식화

얼굴 표정이 어둡거나 밝은 표정도 아닌 보통의 표정인 내담자의 사연이다. 그 내담자는 결혼 20년 차다. 자신은 '이혼을 원하지 않으나 아내가 이혼을 원하여 이를 해결하고자 상담을 받고 싶다'고 한다. 자신은 현재 공무원 생활을 하고 있고, 인간관계를 잘 하고 있다고 한다. 직장 내에서 인정을 받아 과장 승진도 빨리 했다. 그런데 집에만 오면 왠지 짜증이 나고 화가 난다고 한다. 아내에게 욕을 하거나 심할 때는 자신도 모르게 아내를 폭행하는 일도 있다고 한다. 그러고 나서는 후회를 한다고 했다. 자신도 왜 그런지를 모르겠다고 한다. 내담자의 아내는 남편이 변하지 않으면 이혼하겠다고 하여 어쩔 수 없이 상담을 받게 된 것이다.

왜 아내를 폭행할까?

내담자의 어린 시절 기억 속의 아빠가 무능하고 쾌락만 즐기는 사람이다. 그러다 보니 엄마가 돈을 벌어 생활해야 했고, 아빠의 용돈까지 부담해야 했다. 아빠가 무리하게 용돈을 요구하면 엄마는 돈이 없어 줄 수 없을 때가 있었다. 그러면 아빠는 아랑곳하지 않고 소리를 지르며 돈을 만들어 오라고 엄마에게 욕을 하고 폭행을 했다. 엄마는 아빠한테 당한 그 폭행을 그대로 내담자에게 했다. 심할 때는 내담자가 말을 듣지 않으면 엄마가 죽겠다는 협박도 했다. 내담자는 살기 위해서 분노를 참고 또 참아야만 했다. 무의식에서 억제한 것이다. 내담자는 학습된 폭력을 그대로 아내에게 반복하고 있는 것이다.

이런 경우 내담자만의 상담만으로는 역부족이다. 그래서 부부 상담을 했다. 아내는 남편의 사연을 듣더니 남편을 꼭 껴안고 대성통곡을 하며 울었다. 아내는 자신이 남편의 엄마 몫까지 하겠다고 했다. 일단은 부부 갈등이 봉합되었다.

하지만 실제 생활에서는 다시 감정의 동요가 일어날 수 있다. 그때 내 감정의 동요를 알아차려야 한다. 내담자가 화가 날 때 "여보 내가 화가 난다. 나를 도와줘. 상처가 또 괴롭히네."라고 말해야 한다. 그때 아내는 "내가 도와줄게."라고 말해야 한다. 이렇게 함으로써 상처는 점점 줄어든다. 서로에게 많은 노력이 필요하다.

이처럼 무의식 영역을 의식 영역으로 전환하는 것을 '무의식의 의식화'라고 하며, 이러한 능력을 '메타인지'라고 한다. 메타인지는 자신의 생각·감정·행동을 한 단계 위에서 알아차리는 능력으로 자녀교육에서 아주 중요하다. 메타인지가 활성화 되면 편안 에너지가 확장되어 상처를 치유하는데 도움이 된다.

[사례] 비가 오면 슬픈 노인

비가 오면 짜증나고 세상이 끝난 것 같은 부정적인 감정이 드는 노인의 사연이다.

왜 그럴까?

노인 자신은 전혀 모른다고 했다. 무의식 영역이다. 'Ⅱ 맹인 창, Ⅳ 미지 창'의 작동이다. 그 노인은 성장 과정에서 외동딸이다. 그래서 유아기 때 주로 혼자 있었다. 당시에는 TV, 장난감, 게임기, 책 등이 없었다. 같이 놀 친구도 없었다. 주로 혼자 생활했으며, 이럴 때 비가 오면 슬퍼서 눈물을 흘린 적도 많았다고 한다. 지금도 그때의 기억이 생생하다고 한다.

이런 감정들을 떠올려 보면 치유에 도움이 된다.

     당신은 지금, 자녀와 전쟁 중인가?

그 기억은 금방, 며칠, 몇 개월이 걸린 수도 있다. 집중을 해야 가능하다. 의식에는 없고 무의식에 있는 것이다. 무의식에 계속 질문을 하여 의식화해야 한다. 비가 오면 왜 우울함을 느끼는지 자기 내면의 자아와 대화를 한다. 그 우울한 감정의 정점에 이를 때까지 대화를 한다. 어린 시절의 아이를 찾아가서 안아준다. "얼마나 힘들었어." 하고 말이다. 인형이나 베개를 어린 아이로 인식하고 안아준다. 양팔로 감싸안고 "감당하기 힘들었지" 하고 위로한다. "외로울 때마다 안아줄게."라고 하면 자신도 모르게 눈물이 난다. 펑펑 운다. 답답한 가슴이 뻥 뚫린다. 'I개방 창' 영역으로 확장되는 순간이다. 이때 울게 내버려 두어야 한다. 울음을 중단시키면 물처럼 흘러나오던 우울한 감정이 멈추기 때문에 내버려 두어야 한다.

부모와 자녀의 전쟁은 'II 맹인 창' 영역

부모와 자녀의 갈등은 대부분 부모의 'II 맹인 창' 영역에서 일어난다.

부모가 '나는 잘하고 있고 자녀는 잘 못하고 있다'고 생각하는 영역이다. 부모의 입장에서 보면 자녀를 사랑하기 때문에 자녀의 잘못을 고친다는 명분으로 자녀를 지적하거나 비난한다.

자녀의 입장에서 보면 '부모의 생각과는 정반대로 생각'하는 경우가 많다. 이처럼 부모와 자녀의 생각은 차이가 크다. 이런 생각의 차이는 불안이 되고, 그 불안이 증폭하여 중독이 될 수 있다.

부모가 자녀의 숨구멍을 쥐고 있어 자녀는 부모의 말을 따를 수밖에 없다. 이런 과정에서 어린 아이는 많은 상처를 받게 된다. 이게 바로 '부모와 자녀의 전쟁'이 시작되는 시점이다.

2.
내 마음을 보는 메타인지

●

메타인지란?

우리는 나도 모르게 화를 낼 때가 있다. 그때 상대는 "그게 화낼 일이야?" 하고 반문하는 경우가 있다. 내가 생각을 해봐도 화낼 일이 전혀 아니다.

이처럼 우리는 자신에 대해 아는 것 같지만 전혀 모르고 사는 경우가 많다. 내가 나에 대해 정확히 아는 것을 '메타인지' 라고 한다. 그래서 나를 정확히 알아 가는 과정이 중요하다.

왜 그럴까?

내가 어떤 사람인지를 알아야 나의 강점을 강화하고, 약점은 보완할 수 있다. 자신의 메타인지를 정확히 알아야 상처가 치유된다.

가볍게 메타인지 점검을 할 수 있다. 종이와 펜을 준비한다. 10개의 단어를 불러 준다.

10개 단어 : 마스크, 국회, 사랑, 변호사, 택시, 주식, 정사각형, 원숭이, 포도, 독일

먼저 내가 몇 개의 단어를 기억할 수 있는지 예측해 본다.

다음에 10개의 단어 중 기억나는 단어를 종이에 적어 본다.

내가 먼저 예측한 단어 수와 종이에 적은 단어 수가 일치하는 정도를 판별하는 것이 바로 메타인지다.

예측한 단어 수 〈 종이에 적은 단어 수 : 자신을 실제보다 낮게 평가한 사람이다.

예측한 단어 수 〉 종이에 적은 단어 수 : 자신을 실제보다 높게 평가한 사람이다.

예측한 단어 수 = 종이에 적은 단어 수 : 자신을 제대로 평가한 사람이다.

메타인지를 높이는 방법

나의 메타인지를 아는 것은 참으로 어려운 일이다. 나를 설명할 수 있는 카테고리는 셀 수 없을 정도로 많다. 이런 메타인지를 높이는 것은 더욱 어려운 일이다. 실생활에서 나의 메타인지를 높이는 노력을 해야 한다.

어떻게 해야 할까?

다양한 방법으로 접근할 수 있으나 비교적 쉽게 알 수 있다.

오늘 나의 상처가 외부로 나타나는 모습과 그 상처의 결과물로 인식된 것부터 시작하려고 한다. 이것이 나에게 가장 중요하고 효과적으로 나를 변화시키는 방법이다.

나 자신의 상처 상태를 점검해 본다.

비가 오는 날엔 슬프다.

친구들이 나를 빼고 여행 갈까 봐 불안하다.

아이가 공부를 못해서 왕따 당할까 봐 걱정된다.

남편이 다른 이성을 만날까 봐 의심이 된다.

친구가 예의 없이 행동을 하면 감정이 상한다.

나를 폭행한 아버지를 죽이고 싶다.

시험이 다가오면 불안하다.

결혼 이야기가 나오면 화가 난다

우리 주변에서 위와 같은 일로 눈물을 흘리는 사람을 자주 보게 된다. '별거 아닌데' 하고 넘길 수도 있는 일이지만, 그 이면에는 반드시 이유가 존재한다. 어느 때는 그 이유도 모르겠는데 갑자기 슬프고 우울해지거나, 기분이 울적하거나 걱정과 두려움에 사로잡히는 경우도 종종 있다. 나의 몸과 마음이 꽁꽁 묶인 상태다.

내 과거의 삶에서 의식도 못할 만큼 가볍게 스친 일상에서 나의 상처가 감지되었고, 그로 인해 나 자신도 모르는 사이 우울하고 기분이 나빠지는 것이다. 그 이유를 찾아가는 과정이 메타인지다.

그 원인을 없애 주면 나는 이전보다 조금 더 나은 편안함을 얻게 된다. 지금부터 나의 메타인지를 찾아가 본다.

먼저, 왜 비가 오는 날이 슬픈지 생각을 떠올려 본다. 그 이유를 알고 말하는 사람들도 있지만, 대부분은 "글쎄요. 생각이 안 나는데요."라는 애매모호한 말을 한다. 아무리 생각을 해봐도 그 이유가 바로 생각이 나지 않기 때문이다.

그것은 당연하다. 생각을 해본 적이 없으니 한참을 생각해야 한다. 어느 때는 며칠이나 몇 달을 두고 생각할 때도 있다. 생각을 하고 또 하다 보면 비 오는 날에 슬픔을 느끼게 된 계기가 떠오를 것이다.

     당신은 지금, 자녀와 전쟁 중인가?

[사례] 유아기의 상처 치유

어느 내담자의 사연이다. 유아기에 부모님이 맞벌이를 하셔서 집에 혼자 있어야만 했다. 당시에는 어린이집이나 유치원이 거의 없었다. 설사 있다고 해도 유치원에 갈 형편이 되지 않아 주로 집에서 혼자 있어야만 했다. 그때는 TV도 지금처럼 다양하게 방송되는 것도 아니고, 흑백 채널이어서 흥미가 거의 없었다. 그러다 보니 외로움을 견디기 위해 날마다 어린 시절을 자신과 싸워야 했다고 당시를 회상했다. 그때 비가 오면 빗소리가 처량하게 들렸다. 어느 때는 천둥 번개가 치면서 비가 오면 무서워서 이불을 덮고 있었다고 했다.

'나는 왜 이렇게 불쌍할까?'

내담자는 "엄마, 돈 벌러 가지 말고 나와 같이 있어."라는 말을 할 수도 없었다고 떠올렸다.

지금도 비가 오면 마음이 울적하고, 우울해진다고 했다. 내담자는 자신이 왜 비 오는 날이면 슬픈지 원인을 몰랐다가 메타인지를 통해 그 이유를 알게 되었다. 지금은 어느 정도 편안의 에너지를 갖게 되어 비 오는 날을 즐기는 정도는 아니지만, 자신을 스스로 컨트롤할 수 있는 힘이 생겼다고 했다.

여러분도 함께 해보자. 삶의 과정에서 견디기 힘든 일이나 상황을 종이에 적어 본다. 막상 적으려니 '뭐가 있지?'라고 의문이 들면서 생각이 떠오르지 않는다. 일상 속에서 일어난 상황들을 놓치지 않기 위해 핸드폰이나 메모장에 바로 기록을 해야 한다.

'이런 것까지 적어야 돼?'라는 생각이 드는 사소한 것들도 모조리 적어 본다.

'아! 이것들 때문에 내가 힘들었지.' 하고 그 이유를 떠올려 본다. 굉

장히 집중을 해야 한다. 편한 묵상이나 등산을 하면서 떠오를 수도 있다. '지금 내가 왜 기분이 나쁘지? 오늘 무슨 일이 있었지? 아까 그 일 때문이구나. 그런데 왜 나는 그 일을 버리지 못하고 힘들어 할까?' 이런 식으로 계속 생각에 꼬리를 물고 떠올려야 한다.

그러다 보면 언젠가는 과거의 한 사건을 마주하게 되는데, 이것이 바로 내 과거의 상처다.

내 상처의 원인을 알았으니 치료를 해야 한다. 상처 치유는 의외로 쉽다. 그 상처의 시간으로 돌아가 아파하고 힘들었던 나와 직면하는 것이다. 내 양손으로 팔뚝을 감싸 안고 고통스러웠던 시간의 나를 공감하고 위로를 해준다.

"○○야, 많이 무서웠지? 두려웠지? 어린 네가 견디기가 얼마나 힘들었을까?"

"하지만 이제는 내가 늘 네 옆에 있을 거야. 이제는 너를 더 이상 힘들게 내버려 두지 않을 거야. 난 널 무척 사랑해. 넌 혼자가 아니야." 라고 이 아이를 위로해 준다.

이처럼 공감하고 격려해 주면서 진심으로 내 편이 되어야 한다. 과거에는 자신을 스스로 비난했을 수도 있다.

"난 왜 혼자 있는 걸 힘들어 하지? 다른 사람들은 혼자서도 시간을 잘 보내는데, 나는 정말 피곤한 사람이야."

어린 시절에 받은 상처에서 벗어나지 못한 내면의 아이에게 "싸가지 없네." 하고 비난했으니 내면의 이 아이는 어떻게 하란 말인가?

늦지 않았다. 지금 하면 된다. 이 상처를 이겨 나갈 수 있게 적극적으로 내 편이 되어 지지를 해주면 된다. 어느 순간에 상처가 무뎌진 자신을 발견하게 된다.

상처의 대물림과 치유

유아기, 청소년기에 받은 상처를 치유하지 않으면 청년이나 성인이 되어서 그대로 대물림되어 성장하는 데 방해가 된다. 상처가 대물림 된 사례의 경우들이다.

[사례] 아버지를 죽이고 싶은 대학생

어느 대학생이 "아버지를 칼로 죽이고 싶다."고 했다.

너무 놀라서 "왜?"라고 물었다.

사연은 이렇다. 현재, 엄마와 아빠는 이혼을 했다. 자신은 엄마가 운영하는 식당 일을 도우면서 학교에 다니고 있다. 이혼 전에 아빠는 엄마를 수시로 폭행했다.

어떻게 연약한 엄마를 폭행할 수 있을까?

아들은 분노가 치밀어서 아빠를 죽이고 싶다는 것이다. 너무 안타 까웠다.

'이 학생에게 어떤 말을 해야 위로가 될까?' 고민이 되었다.

"네가 얼마나 힘들었으면 이런 말을 할까?" 하고 먼저 위로를 해주었다.

그런데 "네가, 아버지에 대한 부정적인 감정을 가지면, 다음에 결혼 해서 자녀가 너를 죽인다고 할 텐데 감당할 수 있어?"라고 물었다.

그 학생은 "아닙니다."라고 하면서 표정이 밝아졌다. 간단한 심리 검 사를 진행한 후, 이렇게 말해 주었다.

"학생은 리더십이 있어. 학교에서는 학생회장, 사회에 진출해서는 국 가에서 위탁하는 복지관 관장도 할 수 있다. 그런데 지금은 부모님의 갈등을 전혀 알 수 없고, 부모님만의 비밀이 있다. 학생이 결혼하면 그것이 무슨 의미인지를 알 수 있을 것이다. 그리고 학생이 부모님의 과거 상처에 매몰되어 발목이 잡혀 있으면, 앞으로 어떤 큰 일을 할 수가 없다. 이유는 앞으로 나아갈 에너지가 과거에 묶여 있기 때문이다.”

그 학생은 놀란 표정을 지으면서 “잘 알겠습니다.”라고 말하며 연구실을 나갔다.

그 학생은 다음 날 아침 일찍 연구실로 찾아와서 이렇게 말했다.

“어제 교수님과 나눈 대화 내용을 어머님께 말씀드렸습니다. 어머님이 너무 좋아하셨고, 아버지를 미워하지 않겠다고 말씀하셨습니다.”

실제로 그 학생은 학생회장이 되었다. 그 후로 연락이 되지 않아 이후의 상황은 알 수가 없다. 아마도 지금은 사회에서 큰 리더 역할을 하고 있을 것으로 생각된다. 우리 아이들이 성장 과정에서 입은 상처는 반드시 해결해 주어야 한다.

[사례] 아버지를 죽이고 싶은 40대 공무원

24회 상담을 진행했으나 상담 효과가 나타나지 않자 자신의 한계를 느낀 40대 여자 공무원의 사연이다. 분노가 너무 심하여 대장암에 걸렸고, 점심 식사를 혼자 할 정도로 대인 관계가 어렵고 외롭다고 했다. 이를 치유하기 위해 분노 치유 전문가한테 매달 1회씩 2년 동안 상처 치유를 받았으나, 그때만 잠시 시원하다고 했다. 효과를 크게 보지 못한 것이다. 현재 가장 힘든 것은 사망한 아버지를 살려내서라도 칼로 찔러 죽이고 싶을 정도로 쌓이고 쌓인 분노였다.

이유는 오빠가 어릴 때 아버지가 거의 매일 폭행을 했다. 오빠는 무섭고 두려워서 울지도 못했다. 이를 지켜보는 내담자는 불안과 초조로 날을 지새운 적이 한두 번이 아니었다고 했다. 그러고는 펑펑 울면서 죽은 아버지를 살려서라도 죽이고 싶다고 했다.

내담자가 마음껏 울도록 했다. 얼마나 힘들면 그런 생각을 했겠나 하고 공감과 위로를 해주었다. 그리고 사망한 아버지를 살려 오겠다고 했다. 그러고는 "아버지를 죽여서 내담자에게 어떤 도움이 될까?"라고 물었다.

내담자는 생각이 멈춘 상태의 표정을 지었다. 도움이 되지 않는다고 했다.

"근데 왜 죽여?" 하고 강하게 묻자, 내담자는 당황해하는 표정을 지었다.

그런 생각을 계속하면 자녀가 성장해서 내담자에게 칼로 죽인다고 달려들 것이다.

"그것을 감당하겠나?" 하고 재차 물었다.

그 질문을 받던 내담자는 갑자기 얼굴 표정이 밝아졌다. 상처가 치유된 것이다. "상담 전 분노가 100이라고 하면, 지금 분노는 얼마나 되는가?"라고 물었다. 10이라고 했다. 상담을 의뢰한 전문 상담자가 "웃기는 말로 명의"라고 했다. 그 이후 만나지는 못했다. 상처 치유 상태가 계속되었는지는 알 수 없다. 상처가 치유되어 사회생활을 잘 할 것으로 생각된다.

[사례] 추월하는 운전자에게 분노하는 남편

내담자 자신도 운전을 하다가 추월할 때가 있는데 왜 화가 나는지 모르겠다. 그 이유가 무엇일까?

내담자는 자신의 권리를 침해당한 것이다. 어릴 때 성장 과정은 이렇다. 형과 누나 3명이 있다. 부모님은 모든 것을 동생에게만 준다. 뺏기는 것에 부정적이다. 내 차선을 상대가 빼앗은 것이다. 권리를 침해당하면 화가 나는 것이다.

자신은 어떻게 해야 할까?

과거의 어린 아이를 위로해 주어야 한다. "얼마나 억울하고 힘들었어." 하고 자신을 안아준다. "네 편을 들어줄게."라고 말하면서 위로해 준다.

아내는 남편에게 어떻게 해야 할까?

"그런 일이 있었구나!" 하고 위로와 공감을 해준다. "별거 아닌데 그걸 가지고 그래." 하면 어린 아이는 상처를 받는다. 내담자에게는 심각한 사건이다.

이런 유사한 경험이 있다면 바로 핸드폰에 입력하거나 노트에 메모를 한다. 시간이 지나면 잊힌다. 무의식의 감정이기 때문이다.

[사례] 추월하는 운전자에게 화내는 남자

수의사인 내담자의 사연이다. 자신의 생각대로 되지 않으면 사사건건 화를 낸다. 누가 앞질러 운전을 하면 상대를 향해 화를 낸다. 어느 때는 자신도 앞질러 운전을 하기도 한다. 이것을 지켜보는 아내는 이해가 되지 않을 뿐만 아니라 불안하다. 내담자에게 화를 내지 말라고 한다. 내담자는 아랑곳하지 않고 더 화를 낸다. 내담자가 화를 낼 때 어떤 말을 해야 할지 모르겠다.

간단하다. 내담자는 상처가 있다. 그 상처와 싸우면 아파서 화를 더 낸다. 내담자의 말에 맞장구를 친다. 운전을 "저 따위로 하나." 하면서 같이 욕을 해준다. "당신이 화를 내면 나는 불안해. 화를 내지 않고 운전하면 좋겠어."라고 공감과 위로를 해준 다음에 자신의 생각을 말한다.

수의사 남편과 아내는 갑자기 어둡던 표정이 밝아졌다. 수십 년 동안 풀리지 않은 수수께끼가 풀렸다. 이혼까지 고려 중이었다. 남편이 화내는 원인과 대화법을 알게 되었다. 잘 살 수 있을 것 같다. 그 이후는 연락을 하지 않아 상황을 모르겠다.

[사례] 자녀들에게 외계인 취급당하는 노인

자녀들이 자신과 대화 자체를 거부한다. 그 이유를 전혀 모르겠다. 어릴 때 아빠가 자신을 수시로 폭행했다. 그래서 자녀들에게 폭행을 하지 않으려고 누르고 또 누르면서 살아 왔다. 자녀들은 이것을 전혀 모른다. 자녀들은 아빠한테 맞은 기억만 한다. 아빠 생각만 하면 "치가 떨려서 대화 자체가 싫다."고 했다.

가족 상담을 하면서 자녀들은 아빠 상처의 정체를 알게 되었다. 아빠는 참고 또 참고 하다가 어쩌다 한 번 폭행을 한 것이다. 아빠가 과거 폭행을 당한 것에 비하면 아주 미미하여 폭행을 했다는 그 자체도 모르고 있었다. 하지만 자녀들에게는 커다란 상처를 준 것이다. 이것을 깨달은 아빠는 눈물을 흘리며 미안하다고 했다. 엄마는 가정을 살리기 위해서 열심히 살았다. 그 과정에서 자녀들에게 야단을 치기도 했다. 이것도 자녀들에게는 상처다. 엄마는 이것이 자녀들에게 상처가 되는지를 전혀 몰랐다. 미안하다고 했다. 부모가 진정으로 자녀에게 미안한 마음이 전달될 때 상처가 치유된다.

우리 문화가 폭력도 양육으로 보았기 때문에 폭력이 상처가 되었다고 인식하지 못했다. 이제는 시대가 변했다. 어린 시절의 자신과 많은 대화를 하여 자신의 상처를 스스로 치유해야 한다. 그것이 어려우면 전문가의 상담을 받아야 한다. 상담은 문제가 있어서가 아니라 자신을 분석하는 차원에서 필요한 것이다. 상담을 받는 사람은 문제가 있다는 잘못된 인식은 개선되어야 한다. 자신의 상처를 치유하고 진정한 자신을 발견해야 한다. 이것이 메타인지의 핵심이다.

> **100세 건강법** (허정, 서울대 의대 명예교수)
> 슬플 때 우는 게 위에 좋다.
> 슬프거나 괴로우면 울어라.
> 눈물을 흘리면 위 운동이 활발해지고 위액도 많이 나온다,
> 남자라도 울려면 체면 가리지 말고 울어라.

 당신은 지금, 자녀와 전쟁 중인가?

3.

내 마음의 상처를 치유하기

●

내 감정은 내 책임

사람들은 마음에 상처가 많다. 그 상처는 부모, 가족, 지인, 친구, 선생님 등으로부터 받는 경우가 대부분이다. 이들은 상처를 준 사람을 응징하고 싶어 하고, 그들로부터 사과를 받고 싶어도 한다.

그런 마음은 당연하다. 그동안 묻어 둔 속마음을 시원하게 내뱉어 해결하고 싶다.그런데 이러한 상황은 생각처럼 쉽게 이루어지지 않는다. 그 이유는 가해자가 어디 사는지도 모르거나 이 세상 사람이 아니기도 하며, 지금 당장 만날 수 있지만 가해자가 자신의 잘못을 뉘우치기는커녕 잘못을 전혀 인정할 마음이 없는 경우도 있다.

그래서 일반적으로 이 일을 무의식에 억압하여 망각하고 살거나 그들을 용서하고 살아가고 있다. 이 두 가지 방법을 사용하고 있으나 모두 좋은 방법은 아니다.

그 이유는 "피해자로 사는 것이 너의 운명이니, 이젠 어쩔 수 없다. 영원히 피해자로 살아라."라고 판결을 내리는 것과 무엇이 다른가?

그 상처의 아픔을 누르고 견디며 살아야 할까?

그것은 아니다.

그럼 어떻게 해야 할까?

지금 내가 느끼는 화, 분노, 억울함, 속상함, 슬픔, 두려움 등 모든 부정적인 감정의 책임은 나에게 있다. 이 말에 동의하지 않는 사람도 있을 수 있다. 말도 안 된다고 화내는 사람도 있을 수 있다. 이에 대한 명제를 소개한다.

[사례] 친구가 만남을 갑자기 취소

친구와 내일 오전 12시에 만나서 점심 식사를 하기로 했다. 그 친구와 만남을 위해 나는 다른 중요한 약속을 모두 취소했다. 그런데 오전 10시에 전화가 와서 급한 일 생겨서 못 갈 것 같다고 했다.

이 전화를 받은 나는 화가 치밀었다. '이럴 수 있어. 못 오면 어제라도 전화를 해야지.'라고 생각하고 다시는 그 친구와 약속을 하지 않는다고 맹세를 하며 화를 삼킨다.

위와 같은 상황을 반대로 생각해 보자.

내가 감기 몸살에 몸이 불편해서 다음에 식사를 했으면 했는데, 마침 그 친구가 전화를 해서 미안한데 오늘 못가겠다고 했다.

이때도 내가 화가 날까?

그렇지 않을 것이다.

친구가 '어떻게 내가 아픈 것을 알고 오늘 못 만난다고 했지.'라고 고맙게 생각할 것이다.

이처럼 상황의 변화는 전혀 변한 것이 없다. 그저 내 감정만 변화가 있다. 감정의 책임이 나에게 있는 이유다.

　　　　　당신은 지금, 자녀와 전쟁 중인가?

[사례] 한라산 등반을 취소한 친구

한 달 전부터 비행기표를 예매하는 등 모든 준비를 마치고 드디어 내일 한라산 등반을 가는 날이 되었다. 그런데 갑자기 출발하기 하루 전에 연락이 왔다. 지금 급한 일이 생겨서 등산을 갈 수 없다는 것이다. 더욱 화가 나는 것은 비행기표 등 여행 경비를 모두 환불받을 수가 없게 되었다.

이때 내 감정은 어떨까?

황당함에 휩싸여 분노와 허탈함이 뒤섞이고, 어이가 없어 실소가 나오다가도 문득 분노가 치밀어 오르며, 친구가 제정신인지 의심이 들 만큼 온갖 부정적인 감정이 한꺼번에 밀려올 것이다.

위와 같은 상황을 반대로 생각해 보자.

내가 심한 몸살이 나서 한라산 등산은커녕 약을 먹고 그냥 잠이나 실컷 자면서 푹 쉬고 싶은 마음밖에 없다. 그런데 갑자기 친구에게서 연락이 왔다. 지금 급한 일이 생겨서 등산을 갈 수 없다고 하는 것이다.

이 때도 내가 화가 날까?

걱정을 많이 했는데 다행이라는 생각, "어휴, 살았다! 역시 내가 힘들 때 도움을 주는 친구야" 등 다양한 긍정적인 감정이 일어날 것이다.

이것이 바로 나의 부정적 감정이나 긍정적인 감정의 책임은 자신에게 있다는 증거이다. 상황 자체는 변화한 것이 없지만, 내 마음의 상태에 따라 내 감정이 변하고 있기 때문이다.

그럼에도 위 명제가 쉽게 이해가 되지 않을 수 있다. 그러나 시선을 일상으로 돌려보면, 우리 가정에서 흔히 일어나는 가정폭력 또한 하나의 명제로 설명될 수 있다.

[사례] 가정 폭력 벗어난 결혼

아버지에게 폭력을 당하며 살아온 30대 초반 남성의 명제다. 이 남성은 성장 과정에서 아버지로부터 당하는 폭력이 너무 커서 이를 벗어나기 위해 결혼을 했다. 하지만 결혼 생활을 유지하지 못하고 이혼을 했다. 아버지 때문에 이혼을 했다는 생각에 아버지에 대한 원망이 너무 커서 몇 년간 생일, 결혼식 행사, 심지어는 명절 때도 아버지를 찾지 않게 되었다.

어느 날, 이 남성은 자신의 상처로 지구상에 하나밖에 없는 자녀에게 똑같은 상처를 주고 있다는 사실을 알게 되었다. '자신의 행동이 그토록 증오하던 아버지의 행동과 똑같이 하고 있구나!'라고 느끼는 순간 '아, 내가 지금 무엇인가 잘못되고 있구나!'라고 하는 불안과 두려움이 몰려왔다.

이 남성에게 "아버지를 향한 부정적 감정이 누구에게 있을까요?"라는 질문을 했다.

그 순간 남성의 표정은 굉장히 복잡하고 미묘해 보였다. 그는 "지금, 선생님이 무슨 소리를 하는 거야. 제정신으로 말하는 것인가? 지금 내가 무슨 소리를 들었지? 내가 망상인가?"라고 묻는 듯한 표정을 지었다.

이처럼 내 감정의 책임은 나에게 있다는 것을 수긍하기가 쉽지는 않다. 하지만 나의 감정의 책임은 나에게 있음을 알아야 한다. 이것을 이해할 수 있다면 나의 상처가 거의 치유되었다고 해도 과언이 아니다. 그만큼 나의 감정이 나에게 있다는 것을 수긍하기가 어려운 이유다.

친구가 선물을 보냈다. 그 선물을 내가 받으면 내 것이다.

그 선물을 받지 않으면 누구의 것일까? 그 선물을 보낸 친구의 것이다.

내 감정도 마찬가지다.

내가 상대방의 감정을 받으면 내 것이다. 그 감정을 받지 않으면 친구의 것이다.

내 마음의 상처 치유하기

내 마음의 상처는 내가 치유해야 하며, 누가 대신 해주는 것이 아니다.

상처의 치유 절차

상처받은 당시를 떠올려 본다.

당시의 감정을 음미해 본다.

자신을 공감하고 위로해 준다.

상처로 좌절된 순간에 절실했던 것은 무엇인가?

상처받던 순간 좋았던 것은 무엇인가?

상처의 마음을 채워 주기 위한 것은 무엇인가?

나에게 쉼, 휴식 등의 보상을 해준다.

상처가 있는 사람들은 절차대로 따라하면 치유가 된다. 반드시 직면이 필요하다. 내가 아버지로부터 폭행을 당했던 순간을 떠올린다. 너무나 많은 눈물을 흘릴 것이다. 돌이켜 보면 자신이 너무 불쌍하다. 그때 느낀 감정을 자세히 기록한다.

불안, 두려움, 화, 분노, 미움, 무기력, 자괴감, 공포, 억울함, 비참함 등 다양한 감정이 떠오를 것이다. 그 시절 어린 아이의 마음에 공감하고 위로해 준다.

"어린 시절 자신을 껴안고 하염없이 눈물을 흘리며 불안했지? 두려웠지? 억울했지? 무서웠지? 아팠지? 아무것도 할 수 없는 네 자신이 외로웠지?"라고 말해 준다.

중요한 것은 그 당시 나의 그 억울함을 잊어서는 안 된다. 상처받은 그 순간, 부당함과 억울함이 바닥에 깔려 있는 좌절된 욕구, 나에게 절실히 필요했던 가치가 무엇인지 떠올려 봐야 한다. 내 안에 있는 나를 찾는 과정이다.

내담자는 상처받은 그 순간에 사랑, 따뜻한 보살핌, 신체적 안정, 정서적 안정이 필요했지만 좌절된 것이다. 성인이 된 내가 상처받은 어린 시절 나의 텅빈 마음을 채워 주기 위해 무엇을 해줄 수 있을까? 내 안의 자신을 사랑으로 돌보고 안전한 공간에서 정서적 안정을 느끼게 해주고 싶었을 것이다.

수시로 "사랑해. 수고했다. 나는 네가 좋아. 넌 멋있는 아이야. 내가 늘 옆에 있을 거다. 두렵거나 외로워하지 마. 넌 이제 혼자가 아냐." 자기 자신을 위로하고 격려해 준다. 위 내용들을 나에게 보상하듯이 해 주면, 나는 과거의 상처에서 벗어날 수 있다.

여러분들의 상처 입은 마음에도 위 절차를 따라해 보면 상처에서 벗어나 건강한 모습을 발견하게 될 것이다.

[사례] 아이를 잘 키우고 싶어 이혼을 준비하는 엄마

내담자는 두 아이가 있고, 현재 이혼을 준비 중인 사연이다. 아이에게 상처를 주지 않고 아이를 잘 키우고 싶다. 먼저 부모의 상처를 치유해야 한다. 어려서 엄마가 이혼하고 매를 맞고 자랐다. 그 당시의 상황을 떠올리기가 쉽지 않다. 누르고 또 억누르며 살아왔다. 상담자에게 말하기 힘든 과거를 어렵게 털어놓았다..

지금 감정이 어떠하냐고 묻자, 내담자는 한없이 엉엉 운다. 계속 울게 내버려 둔다.

당시를 떠올려 보니 무섭고 슬프다. 벗어나고 싶다. 사랑받고 싶다. 보호받고 싶다. 부모님에게 사과를 원하지만, 쉽지 않은 이유가 있다.

상대가 내 뺨을 때렸다고 하자. 상대는 나에게 사과를 하기가 쉽지 않다. 매맞을 짓을 해서 때렸다고 생각하기 때문이다. 상대에게 사과를 하라고 하는 것은 상대에게 열쇠를 주는 것과 같다. 그 열쇠로 결코 내 자물통을 열어 주지 않는다. 그만큼 어렵다는 것이다. 경우에 따라서는 열어 줄 수도 있다. 하지만 가해자가 죽는 경우도 있다. 어디 있는지 모르는 경우도 있다.

이때는 어떻게 할 것인가?

내가 나를 공감하고 위로 하는 것이 가장 편하다. 이것 또한 말처럼 쉽지는 않다. 어린 아이가 "얼마나 힘들었어?" 자신을 어루만져 준다. "아이쿠 우리 아이. 엄마가 안아줄게. 아빠가 무서웠지?" 등과 같은 위로를 통해 접촉 위안을 해주어야 한다. 그래야만 어린 아이의 상처가 치유된다.

4.

건강한 거절과 관계 대화

●

거절 대화가 중요한 이유?

우리는 수많은 인간관계를 형성하면서 살아간다. 그러면서 인간관계가 성공적으로 이루어지기를 원한다.

어떻게 하는 것이 인간관계를 잘하는 것일까?

현재 학교나 학원도 인간관계 교육이 거의 없는 실정이다. 마음만 있다고 되는 것도 아니다.

그럼 어떻게 해야 할까?

건강한 마음 상태를 가지는 것이다.

나의 상처를 치유하여 이를 유지하고 다스리는 능력이 있어야 한다. 이를 위해서는 건강하게 거절하는 힘을 길러야 한다.

거절을 잘 하는 것이 왜 중요한가?

거절을 하는 사람은 'NO'가 많아지고, 수락을 많이 하는 사람은 'YES'가 많아진다. 내가 착한 사람으로 비춰지기를 원하는 사람은 'YES'가 많다.

'YES'만 하는 사람은 저 사람은 무슨 생각을 하는지 모른 다고 생각하기 때문에 오히려 답답해 할 수 있다.

'YES'가 많은 사람은 그만큼 마음의 짐을 짊어지고 살아갈 수밖에 없다. 어쩔 수 없이 상대의 부탁을 들어주지만, 기쁜 마음으로 들어주기가 힘들기 때문이다. 일을 하면서 짜증이 나기 쉽다. 상대를 원망하거나 미워하기 때문이다. 이러한 마음으로는 인간관계에서 성공하기 어렵다.

건강하게 상대의 부탁을 거절하는 것은 인간관계를 오래 지속적으로 유지하도록 도와줄 뿐만 아니라, 나의 마음을 건강하게 만드는 지름길이다. 건강한 거절은 부정적인 감정에서 오는 관계의 갈등에서 나를 지킬 수 있는 최소한의 장치이기 때문이다.

부탁을 하는 사람은 상대가 내 부탁을 들어주기를 바라기 때문에 부탁을 거절하는 것은 생각처럼 쉬운 일이 아니다. '관계가 깨지면 어떻게 하나' 하는 걱정과 두려움에 사로잡힐 수도 있다. 그래도 마음이 강한 사람은 덜하지만 마음이 약한 사람은 더 심하게 나타난다.

건강한 거절 대화

내담자들이 건강한 거절 대화를 배우기 위해 상담도 받고 코칭도 받지만, 이들이 한결같이 힘들어 하는 고충은 수위 조절이 어렵다고 한다. 잘못 거절했다가 상대를 비난하는 말로 들릴까 염려가 되기도 한다. 이기적인 사람으로 비춰질까 염려가 되기도 한다. 따돌림을 당할까 봐 걱정이 되기도 한다. 그래서 거절이 어려운 것이다.

거절을 할 때 어떤 표정을 지어야 하며, 억양은 어떻게 조절해야 하는지 감이 잘 오지 않는다. 이러한 이유로 막상 거절을 해야 하는 상황이 오면 얼굴이 붉어지며 심장이 뛰고, 손에 땀이 나고 입이 마르게 된다.이것은 당연한 현상이다.

왜 그럴까?

목적을 가지고 거절을 하는 경우는 거의 없었기 때문이다.

세상 모든 일이 능숙해지기까지는 훈련이 필요하다. 건강한 거절 대화도 마찬가지다. 어떤 훈련을 해야 할까? 처음에는 비교적 쉬운 일이나 편한 상대를 대상으로 연습을 해야 한다. 그러면서 조금씩 단계를 높이는 훈련을 해야 한다.

[사례] 상담사의 거절로 상처받는 수강생

어떤 상담사의 부모 교육 강의 내용이 우리 집을 와서 본 것처럼 말했다. 강의를 듣던 수강생이 상담을 받고 싶어 상담사에게 "오늘 강의 끝나고 상담을 받을 수 있을까요?"라고 물었다. 그러자 상담사는 내 모습이 피곤한 것이 안 보이냐고 하면서 다음으로 미루었다. 그 수강생은 상처를 받는다.

[사례] 상담사의 상담 거절로 상처받지 않는 수강생

마음은 나의 마음과 상대의 마음이 있다.

어떤 마음이 우선되어야 할까?

내 마음이 우선되어야 한다. 수강생이 갑자기 상담을 요청 한다. 3초 동안 생각을 한다.

상담이 필요하네요. 상담을 해주고 싶은데 오늘은 너무 피곤해서 상담이 어렵습니다. 다음에 시간 약속을 해주시면 생생한 모습으로 상담을 해주겠다. 이렇게 말하면 수강생은 상처를 받지 않는다.

어느 순간 누가 나에게 무엇인가를 요청할 때가 있다. 어떻게 해야 할지 고민이 되거나 망설여질 때는 내 마음이 우선이다. 이것이 자존

　당신은 지금, 자녀와 전쟁 중인가?

감을 높이고 자신을 사랑하는 것이다.

건강한 거절 공식

거절에 공식이 있을까?

수학처럼 딱딱한 공식이 아니라 융통성 있는 공식이다.

내 욕구를 바탕으로 거절하는 것이다. 우리의 삶은 매 순간마다 나의 욕구가 존재하고, 그 욕구를 찾아가는 과정이 인간관계이다.

내 욕구에 집중하는 것이 쉬워 보이지만 참으로 어렵다. 그래서 내 욕구를 명확히 알아야 하고, 훈련을 통해서 익혀야 한다. 상대의 욕구를 읽고 나서 내 욕구를 말한다.

[사례] 자기 존재가 없는 35세 여성

결혼한 35세 여성의 사연이다. 아내의 욕구가 100이라고 가정할 때, 그 욕구는 순간마다 거절을 못하다 보니 점점 줄어서 현재는 10이 되었다. 지금은 자신의 존재 자체가 없는 것 같다고 했다. 자신의 욕구가 있어도 거의 주장을 하지 않는다. 자신의 욕구가 무엇인지를 모르는 것이다.

이 여성의 남편은 아내가 무슨 생각을 하는지 몰라서 답답하다고 한다.

35세 여성은 왜 "YES, YES" 할까?

남편의 마음을 다치게 하고 싶지 않고, 자신은 착한 사람으로 보이려고 하기 때문이다. 소위 말하는 착한 콤플렉스다. 대개는 이런 말을 하면 아니라고 부인한다. 거절에 대한 대안이 있어야 한다. 관계의 균형을 맞추는 것이 건강한 거절이다.

[사례] 균형 맞춘 거절

아내가 남편에게 "여보, 오늘 집안 청소를 할까?"라고 제안했다. 남편은 공무원인데 인사 이동이 있어 일이 너무 많아 지친 상태여서 대청소를 할 상황이 아니다. 거절을 할 생각이다. 공식에 입각한 거절이다. 내 욕구를 바탕으로 거절하고 상대의 욕구를 읽어 준다.

"여보, 자기는 우리 집이 깨끗해지기 바라는 것이지?"

다음에 내 욕구를 말한다.

"그럼 내 욕구는 무엇일까?"

그 순간 내 마음에 집중해야 한다.

'오늘 너무 많은 에너지를 소비해서 나는 대청소를 하기 어렵다. 지금 쉬고 싶다.'라고 생각한다. 내 욕구가 분명해지면 상대에게 내 욕구를 말한다.

"여보, 나도 청소는 하고 싶은데, 오늘 내가 너무 지쳤어. 좀 쉬고 싶은데 어떻게 하지?"

내 욕구를 바탕으로 거절하면서 대안을 제시해야 한다.

"여보, 내가 설거지를 하고 자기는 청소를 하면 어떨까?"라고 대안을 제시한다.

설거지조차 못할 정도로 탈진한 상태라면 어떻게 해야 할까?

"내가 너무 지쳐서 움직일 힘조차 없어. 자기 마음은 알겠는데 오늘은 좀 쉬고 내가 컨디션이 좋아지면 다음에 하면 어떨까? 미안해."

이렇게 내 욕구를 바탕으로 거절하고 대안을 제시한다면 유연한 상황이 전개될 것이다.

우리가 흔히 하는 대화는 이렇다.

"피곤해 죽겠는데 무슨 대청소야. 다음에 해!"

이러한 거절은 상대를 자극하게 된다. 바로 갈등으로 번지거나 참고 참았다가 일시에 폭발할 확률이 높다. 욕구를 바탕으로 대안을 제시하는 거절은 상대를 이해시키고 안정감을 느끼게 한다.

거절이 어려운 사람

거절을 못하고 습관적으로 들어주는 사람의 심리는 무엇일까?

타인 중심적 사고를 가진 사람이다. 복종이나 자기희생의 마음이다. 우리가 세상을 이해하기 위해 머릿속에 만들어 둔 인지의 틀인 스키마가 존재한다.

복종은 두려움이다. 부탁을 거절하면 나에게 불이익이 올 수 있어 어쩔 수 없이 들어주는 것이다. 위계질서가 강한 조직에서 많이 작동한다. 언젠가는 '내 수고를 알아주겠지.' 하는 심리가 있다. 승진 등이다. 그런데 승진에서 탈락하면 배신감을 느낀다.

자기희생의 스키마는 죄책감이다. 일곱 살 아이가 "엄마 떡복기 먹고 싶어."라고 말한다. 피곤하지만 떡복기를 해주게 되는 것은 엄마가 되어 그것도 못 해주나 하는 죄책감이다.

'내가 부탁을 거절하면 나쁜 사람이 되겠지?'

자기희생은 사랑하는 가족이나 친구, 연인 관계에서 주로 작동된다. 자기희생은 '언젠가 보상이 따르겠지.' 하는 심리를 토대로 작동하여 움직인다. 보상이 이루어지지 않을 때는 낙심하게 되고 불신이 생긴다. 그로 인해 세상을 살면서 맺어야 할 많은 새로운 관계 형성에 부정적인 영향을 미치게 된다.

이런 관계가 심할 만큼 고착된 것이라면 그 관계 개선에 힘쓰는 것보다 건강하게 관계를 단절하는 것에 고민을 해야 한다. 내 앞에 이 사람이 전부라는 상황에 갇히거나 빠져서는 안 된다. 우리는 상황과 관계를 크게 보고 전체를 보는 눈을 키워야 어리석은 판단을 하지 않게 된다.

자기주장 대화, 자기주장 공식

이 공식은 부탁할 때와 동일하게 적용하면 된다. 욕구를 바탕으로 부탁을 해야 한다. 그런데 "왜 나를 무시해!"라고 말하면, 상대는 "내가 언제 너를 무시했어!"라고 반박한다. 그런데 "제가 지금 존중받고 싶다."라는 말에는 반박을 할 수 없다.

"넌 항상 네 말만 하잖아?"가 아니라 "나도 내 이야기를 하고 싶어."라고 말하는 것이 관계에 도움이 된다. 이 대화의 전반적 욕구에는 '난 너와 좋은 관계를 유지하고 싶어.' 라는 욕구가 바탕에 깔려 있다. 나의 욕구를 빨리 알아차리는 것이 관계 유지를 잘 하는 비결이다.

자기주장을 할 때 공식이 있다.

- 상대의 마음을 읽어 준다.
- 내 욕구를 말한다.
- 대안을 제시한다.

조직에서 회의를 할 때, 부장이 요즘 수출 물량이 많다며 야근할 안건을 제시했으나, 나는 이 안건이 마음에 들지 않았다.

이럴 때는 어떻게 내 주장을 할 것인가?

"부장님은 야근을 원하는 것이지요."

"저는 즐거운 마음으로 일하고 싶습니다."

"그런데 야근을 하면 불편한 마음이 생길 것 같아 조금 걱정이 됩니다."

"정해진 시간에 좀 더 열심히 일하도록 하면 어떨까요."

이런 식으로 말하면 내 주장이 관철될 확률이 높다. 설사 내 주장이 받아들여지지 않는다 하더라도 내 마음을 표현을 했기 때문에 말 한마디 못하고 불평만 하는 상황보다는 답답함이 줄어들 것이다.

내가 내편을 들어주어야 자존감이 높아지고, 내가 더 괜찮은 사람이 된다. 나의 영향권 안에 있는 자녀의 자존감도 덩달아 높아지게 된다.

3장.
부모와 자녀의
관계 회복

1.

부모의 열등감 극복

●

열등감?

열등감은 자연스러운 감정 중 하나이며 고마운 존재다. 열등감은 다른 사람에 비해 자기가 능력이 부족하다고 생각하는 감정이다. 우리는 열등감을 못난 사람의 전유물로 생각하기 쉽다. 그것은 결코 아니다.

사람의 감정은 수없이 많다. '기쁘다.' '화난다.' '실망스럽다.' '즐겁다.' '우울하다.' '슬프다.' 열등감은 보편적인 감정 중의 하나다. 그런데 우리는 열등감을 부정적인 시각으로 바라보는 경향이 있다.

이런 이유로 속으로는 열등감을 느끼면서 겉으로는 '괜찮은 척, 쿨한 척' 할 때도 있다. 열등감은 자주 사용하는 친숙한 감정이다.

'알프레드 아들러'는 열등감 이론을 체계화한 심리학의 대가(大家)이며, 『미움 받을 용기』라는 책에 대중적으로 소개된 그의 사상은 그의 저서 『삶의 과학』을 통해 열등감에 대한 뿌리 깊은 통찰을 더욱 깊이 이해할 수 있다.

아들러가 열등감에 대해 정통할 수 있었던 것은 자신이 열등감으로 힘들게 살아왔기 때문이다. 그는 우리가 심리적 문제를 겪게 되는 것은 열등감에서 시작되고 열등감으로 끝난다고 말하고 있다.

 당신은 지금, 자녀와 전쟁 중인가?

아들러는 인간은 다른 사람과 더불어 살아가기 때문에 타인과 함께 살아가는 이상, 비교와 평가에서 벗어날 수 없다고 설명한다. 인간은 열등감이 없으면 우월해지기 위한 노력을 하지 않을 것이라고 했다. 열등감은 부끄러운 감정이 아니고 건강한 감정이며, 더 나은 삶을 살게 하는 원동력이라고 했다.

그럼 우리는 왜 열등감을 부정적인 감정으로 인식할까?

열등감은 '내가 남보다 부족한 것 같아.'라는 감정이라면, 콤플렉스는 '그 감정이 굳어져 특정 대상이나 영역에서 과도하게 예민, 불안, 위축, 방어 반응이 의식과 무의식으로 엉켜 튀어나오는 심리 묶음'이라고 할 수 있다.

그 열등감이 열등감 콤플렉스로 발전할 경우, 자신과 주변 사람들까지 피곤하게 만들고, 더 이상 생산적인 행동을 기대하기 어렵게 하며, 부정적인 행동들만 선택하게 된다.

콤플렉스

열등감에는 우월감 콤플렉스와 열등감 콤플렉스가 있다. 서로 반대의 성향으로 보일 수 있으나 우월감 콤플렉스는 열등감 콤플렉스와 같은 것이다. 동전의 양면과 같다.

열등감 콤플렉스

열등감 콤플렉스는 자신의 능력을 필요 이상으로 낮추는 것이다. 매사에 자신감이 없어 위축되어 있고 열등감에 시달린다. 자신에게 열등감을 느끼게 한 대상에게 복수심이 우러나고, 자신이 우월해서 그들을 응징하는 생각도 한다. 이것은 열등감 콤플렉스 이면에 우월감 콤플렉스가 존재하고 있기 때문이다.

아들러는 인간의 심리적 문제는 모두 열등감에 있다고 하였으며, 이를 증명이라도 하듯 상담을 요청하는 내담자들의 주된 호소 내용이 모두 열등감에서 비롯된 것이다. 그렇다면 상담과 치료 방향도 열등감을 해소하기 위한 것이어야 한다. 타고난 기질이나 환경에 따라 조금씩 달라지겠지만 근본적인 상담과 치료 방향은 열등감 극복이다.

우월감 콤플렉스

우월감 콤플렉스는 우월감으로 포장된 열등감이다. 우월감은 특정 대상에 대하여 자신이 뛰어나다고 생각하고 만족을 얻으려는 본능이다. 자신만만하게 보이지만 그 이면에서는 초라한 열등감이 깔려 있다. '갑질'이 대표적인 것이다. 많은 갑질의 뉴스를 접하면서 우월한 위치에 있는 사람이 왜 갑질을 할까? 이제는 이해를 할 수 있어야 한다.

이들은 '스스로에게 만족감이 부족하기 때문에 남들이 나를 무시할까?'라고 생각하여 두려움과 불안이 존재한다. 상대가 나보다 약한 존재라고 생각할 때 제압하여 우월감을 느끼고, 자신의 존재를 확인하려고 한다.

'내가 부모님을 잘 만났더라면 너보다 더 나은 삶을 살고 있을 거다.', '내가 돈만 있었다면 너보다 더 좋은 성적을 낼 수 있었다.'라고 생각한다.

우월감 콤플렉스는 더 나은 삶을 위해 노력하기보다는 성공한 상대의 노력을 무시하거나 소유욕을 가지고 집착하여 주변 사람들을 피곤하게 하고 괴롭히게 된다. 또한 '네가 뭘 알아? 넌 내 마음 이해 못해?'라고 생각하여 자신의 불행을 과장하여 관계의 중심에 서고자 하고, 상대가 자신을 더 배려하도록 강요한다.

세상의 모든 사람은 열등감이 있다. 우리나라는 어려서부터 교육으로 인한 열등감은 더욱 가속화되고 고착화 되어 있다. 오랫동안 주입식 교육과 과도한 경쟁 구도, 성적 위주의 교육 체계가 열등감에 취약할 수밖에 없다. 이런 열등감의 압박 정도는 사람마다 다양하게 나타난다.

자신의 열등감의 모양과 색깔의 크기는 어떠한지 생각하고 말해 본다.

열등감의 특징

'자기 자랑 하면서 상대를 깎아 내리는 사람'

이런 사람은 내면에 자기 자신을 존귀하게 여기는 마음이 없다. 타인을 통해 사랑받고 싶은 마음과 욕망을 충족시키려 한다. 자신의 텅 빈 마음을 채우기 위한 것이다.

너는 "이런 옷을 안 입어 봐서 모르지. 입어 본 사람만 알아."라고 말한다. 나는 잘났다. 너는 못났다.

'자기 비하하는 사람'

자기 자랑이나 자기 비하가 극단적으로 보이지만 동일한 현상이다. 자기 자랑과 자기 비하가 왔다 갔다 한다. 내가 능력이 부족해서 "공부를 더 이상 못하겠어요."라고 하면, 여러분은 뭐라고 하겠는가?

"아니다. 너는 공부를 잘할 수 있어."라고 말할 것이다. 내가 이 말을 듣고 싶어서 자기 비하를 하는 것이다. 자기 자랑도 마찬가지다. 자신을 존귀하게 여기는 마음이 없으니 인정받고 싶은 마음을 다른 사람을 통해 충족하려는 의도가 깔려 있다.

또 다른 자기 비하의 숨은 이유는 '내가 만족하지 못할 만큼 나는 뛰어난 능력을 가지고 있는 사람이야!'라고 생각하는 우월감 콤플렉스가 작용한 것이다. 나는 우월한 사람, 겸손한 사람, 다양한 지식을 갖춘 괜찮은 사람이라는 것을 드러내기 위한 위장된 말이 될 수 있다.

자기 비하를 하면서 한편으로는 마음이 찜찜하다. 이유는 '진짜 나를 무능한 사람으로 보면 어떻게 하지?'라고 생각한다. 이를 만회하기 위해 다음번에 만날 때 자기 자랑을 한다. 이처럼 열등감은 교만과 겸손이 한 사람 안에서 일어난다.

'비난을 좋아하는 사람'

"저 사람은 옷이 왜 저래." "저 사람은 왜 저렇게 말이 많아." "저 사람은 정말 무식해."라는 말에서 놀라운 사실이 발견된다.

"저 사람은 왜 저렇게 무식해?"라는 비난 속에는 자신의 안에 지적인 것에 대한 열등감이 존재하는 것이다. "저 사람은 왜 저렇게 말이 많아?"라고 비난하는 사람은 자신이 과거에 "넌 말이 너무 많아. 말이 많으면 실수해. 말을 줄여."라는 비난을 받아 수치심을 느껴 본 사람이다. 이러한 수치심의 기억을 타인을 비난하여 해소하려는 것이다.

타인의 못마땅한 모습은 바로 내가 감추고 싶은 나의 연약한 모습이다. 비난은 자기혐오에서 시작된다. 타인의 모습에서 나를 발견하고 자신도 모르게 그 모습이 거슬리고 화가 나서 지적하는 것이다. 이것이 바로 자신의 열등감이다.

'스트레스가 많은 사람'

대인관계에 쉽게 피로감을 느낀다. 사람을 만나면서 편안한 게 아

당신은 지금, 자녀와 전쟁 중인가?

니고 스트레스가 남는다. 열등감이 강한 사람은 스스로를 사랑하는 마음이 없기 때문에 상대를 통해서 사랑을 받아야 하고 좋은 평가를 들어야 한다. 그래야만 내가 좋은 사람으로 비춰질 수 있기 때문이다.

따뜻한 사람으로 보이기 위해 연기를 한다. 하지만 속마음은 질투하고 미워하고, 경계를 하는 과정에서 불필요한 에너지가 소비되기 때문에 대체로 인간관계가 피곤한 것이다. 자신의 모습을 스스로 형편없는 사람이라고 생각하는데 이러한 못난 모습을 감추고 괜찮은 사람으로 보여지기 위해 노력하고 있는 것이다.

열등감의 원인은 무엇일까?

오스트리아의 정신 분석학자 아들러는 열등감의 원인을 "사회적 감정의 결여"라고 했다. 대인관계에서 느껴지는 편안함, 진정성, 희생성과 같은 선한 기류가 부족하다는 것이다.

그 후 아들러는 "사회적 감정의 결여"를 구체적으로 "소속감의 결여"라고 하였다. 소속감은 내가 속한 집단의 무리가 나를 있는 그대로 받아들이고 인정해 준다는 말이다. 소속감 결여는 "내가 어떤 조직에서 나의 존재로 인정을 받는 게 아니고, 내가 무엇인가를 잘해야만 인정을 받을 수 있는 상태"를 의미한다고 하였다.

어느 조직에서 나를 있는 그대로 인정해 주고 받아 준다면, 열등감이 열등으로 머무를 뿐 열등감 콤플렉스로 발전되지 않는다. 열등감과 열등함은 다르다. 열등감은 내가 나를 결여의 존재로 낙인을 찍어 버리는 것이다.

열등함은 인간이면 누구나 가지고 있는 자신의 어떤 부족한 부분을 말한다.

열등감으로 고착된 사람은 명문대를 나오고 대단한 업적을 이뤄도 자신에게 만족하는 마음이 없어 채워지지 않는 밑 빠진 독과 같다.

열등감 이겨내기

'열등감은 건강한 감정에서 시작'

나의 열등감을 피하지 말고 당당히 직면해야 한다. 내가 느끼는 열등감은 어떤 부분인지, 즉 '경제적인 능력인지, 지적 수준인지, 병약한 신체인지, 자라온 환경인지'를 생각해 본다. 열등감을 수치스럽게 여기거나 숨기지 말고, 자연스럽게 받아들인다.

'나는 이런 부분에서 열등감을 느끼고 있구나?'

열등감은 나의 삶에 발전을 가져다주는 건강한 감정이기 때문에 부끄럽게 여기거나 애써 감출 필요가 없다. 나의 열등감을 감추고 애써 아무렇지 않은 척하다가 마음이 더 힘들어지게 되면 열등감 콤플렉스로 발전해 간다.

나의 열등함을 오픈한다면 더 좋다.

"넌 따뜻한 가정에서 행복하게 자랐구나. 우리 가정은 사랑이 뭔지도 모르고 힘들게 살았거든. 그래서 너 같은 사람을 보면 부럽다."

처음부터 열등감을 오픈하면 열등감을 숨기기 위한 심적 에너지를 더 생산적인 것에 쓸 수 있기 때문에 더 안정적이고 자유로운 삶을 살 수 있다. 내 열등감과 마주하다 보면 나의 열등감을 알게 된다.

'개선이 가능한 열등감인가?'

개선이 가능하다면 열등감의 근원을 보완하고 개선해야 한다. 조직에서 말을 잘 못하는 열등감이라면 말하는 훈련을 하면 채워질 수 있다.

기능적인 열등감은 개인으로 하여금 자신의 부족함을 직면하게 만들고, 그 기능을 개선하기 위한 방법을 찾도록 이끈다. 예를 들어 말하기에 대하 열등감을 느끼는 사람은 말하는 웅변 학원에 등록하여 도움을 받게 되면 열등감의 상당 부분이 보완된다. 열등감은 자존감을 자극하는 것부터 시작해야 한다.

[사례] 외모 열등감 변호사

30대 중반 남성 변호사의 사연이다. 이 내담자의 열등감은 자신의 외모이다. 이 외모에 공부까지 못하면 나의 인생은 망가질 수도 있겠다는 생각으로 열심히 공부하였다. 당당히 로스쿨에 입학을 했다. 그러나 학교에 가보니 못생긴 사람이 많았다. 그 덕에 학교에 다니는 동안은 열등감에서 자유로웠다.

문제는 졸업 후 개업을 하고 의뢰인들을 대하다 보니 다시 열등감이 고개를 들기 시작했고, 그의 삶은 다시 힘들어졌다. 이 열등감이 발전하여 자신은 못생겨서 여자를 만나지 못한다는 자기 확신으로까지 발전했다. 그는 열등감 때문에 소극적으로 변하고, 이것이 여성들에게 매력적으로 보이지 않으니 이제는 여성의 마음을 얻기조차 힘든 상황이 반복되는 것 같다고 생각했다.

열등감은 조절이 가능할까?

이 내담자에게 주변 사람들을 대상으로 탐문 과제를 제시했다. 배우자나 여자친구가 있는 남성 3명을 인터뷰하고, 그 내용을 기록지에 정리하도록 했다. 인터뷰 항목은 배우자나 여자친구가 있어 좋은 점과 어려운 점, 그리고 본인이 연애를 위해 개선해야 할 점과 조언을 포함하도록 했다. 이 내담자는 과제를 성실히 수행했으며, 인터뷰를 통해 많은 새로운 사실을 알게 되었다.

겉보기에는 행복해 보였지만, 그들의 말 속에는 긍정보다 부정적인 내용이 더 많았다. 권태기, 관계에서의 갈등, 기질과 성격 차이로 인한 어려움, 경제관념과 가정환경의 차이에서 비롯된 부담 등이 그것이었다. 또한 가족을 부양하느라 개인 시간이 부족하고 피로를 호소하는 모습도 확인할 수 있었다. 이를 통해 내담자는 "대부분의 사람들의 삶이 결코 만만하지 않다"는 사실을 깨닫게 되었다.

한편, 인터뷰 대상자들은 공통적으로 내담자에게 다음과 같은 평가를 전했다. "왜 여자친구가 없는지 모르겠다. 너처럼 능력 있고 괜찮은 사람이 왜 연애를 하지 않는지 이해가 안 된다. 오히려 우리는 학창 시절 너에게 열등감을 느낀 적도 있다."

내담자는 그동안 자신이 긍정적으로 평가받을 수 있는 사람이라는 생각을 한 번도 해본 적이 없었고, 타인이 자신을 부러워할 수 있다는 사실 역시 상상하지 못했다. 그러나 이번 인터뷰를 통해 "나에게도 다른 사람이 부러워하는 요소가 있다"는 사실을 처음으로 인식하게 되었다. 이는 향후 삶의 중요한 전환점이 될 수 있는 경험이다.

실제로 나 역시 주변의 평가와 크게 다르지 않은 생각을 가지고 있었다. 다만 내담자는 그동안 타인의 긍정적 평가를 단순한 호의적 표현으로 치부하며 받아들이지 못해 왔다.

이 내담자는 가정에서 충분한 인정과 지지를 받지 못한 채 성장해 왔다. 그 결과, 자신을 낮게 평가하는 인식이 고착되었고, 스스로의

 당신은 지금, 자녀와 전쟁 중인가?

가치를 객관적으로 바라보지 못했다. 마치 백조이면서도 스스로를 오리라고 믿고 살아온 것과 같다. 누군가 "너는 충분히 괜찮은 사람이다"라고 말해도 이를 받아들이지 못하고 부정해 왔던 것이다. 그러나 이제는 비로소 "내가 생각보다 괜찮은 사람일지도 모른다"는 인식을 형성하기 시작했다.

중요한 것은 이러한 인식을 바탕으로 긍정적인 자아 개념을 구축하고, 타인과의 관계 속에서 이를 실제로 경험해 나가는 것이다. 더 나아가 자신의 열등감의 근원을 객관적으로 바라보고, 자신이 부러워했던 타인의 삶 역시 다양한 어려움을 내포하고 있음을 이해할 필요가 있다. 이를 위해서는 직접 대화하고 관찰하며 현실을 있는 그대로 인식하려는 지속적인 훈련과 노력이 요구된다.

자신이 잘 하는 일, 좋아하는 일이 무엇인지를 찾고, 그것을 통해 자신의 능력을 확인하며, 자기 확신으로 성취감을 맛보는 것이 열등감을 탈피하는 솔루션이다.

2.

부모의 열등감 극복

●

열등감의 형성 과정

열등감의 반대말은 무엇일까?

우월감, 자신감, 유능감 등이 있다. 이런 말을 모두 아우르는 말이 '전지전능'이다. 전지전능감이 발달된 사람은 열등감을 건강하게 해결해 나갈 수 있다. 전지전능은 무엇일까? 모든 것을 알고, 다 할 수 있는 초월적인 존재라고 믿는 마음이다.

그 시기는 언제일까?

유아기 때의 아이들이다. 평소 마냥 사랑스럽기만 하던 아이가 갑자기 떼를 쓰거나 말을 안 듣고 부모를 힘들게 하는 시기다.

조금 심하게 표현하면 미운 네 살, 미친 일곱 살이라고 불리는 네 살에서 일곱 살이 바로 전지전능의 시기다. 이 시기에는 자신을 어른과 동일시 하거나 초자연적인 사람으로 여기기도 한다. 아이가 아빠에게 팔씨름을 제안하는 때이다.

아빠는 아이에게 팔씨름을 져 줘야 한다. 그러다가 장난기가 발동한 아빠가 한 번이라도 이기면 아이는 울고불고 난리가 난다. 부모 되기는 쉽지만 자녀 교육은 어렵다

왜 그럴까?

아이는 패배를 인정하지 않기 때문이다. 아빠가 다시 팔씨름을 해서 져 줘야 한다.

아이는 어떤 생각을 할까?

"내가 더 세지?"라고 생각하고 조금 전에 패배했던 사실을 없던 일처럼 잊어버린다. 아이들은 자신에게 불리한 기억은 무의식으로 억압하여 잊으려고 한다.

아이가 소꿉장난을 하며 만든 음식을 엄마에게 먹어 보라고 하는 경우가 있다. 엄마가 "아, 맛있다!" 하고 반응해 주면 "거봐. 난 못하는 게 없어."라고 생각하고 자신의 능력은 무한하다고 생각한다. 어느 때는 하늘을 나는 시늉을 보이며 "엄마, 나 잘 날지?"라고 하면서 자신이 하늘을 날고 있다고 믿을 정도로 자신의 능력을 과시해 보이기도 한다.

태권도를 하는 시늉을 보이며 가족들의 반응을 이끌어 내기도 한다. 아빠가 "와, 잘한다." 하고 반응해 주면 의기양양한 표정을 짓는다. 이런 아이의 모습들이 전지전능감의 시기를 살고 있음을 보여준다.

전지전능 시기의 실패나 좌절의 경험은 열등감 콤플렉스로 이어진다. 그 이유는 아이의 최초의 기억이 바로 이 시기이기 때문이다. 우리는 나이가 들수록 엄마의 손맛을 그리워하고, 시대의 노래나 드라마의 향수에 젖어 그 시기를 추억하고 싶은 것도 이런 이유 때문이다. 어린 시절 나의 추억은 거의 전지전능의 시기에 만들어진 기억들이다.

어린 시절의 전지전능 실패나 좌절의 경험은 추억처럼 평생토록 두고두고 아픔을 주며 우리의 발목을 잡게 된다. 일부 양육자들은 이 시기에 전지전능의 아이들을 보면서 걱정하기도 한다.

부모는 "잘난 척을 하는 아이로 성장하면 어떻게 하지? 그러다가 현실을 마주하면 크게 절망하고 상처를 받을 텐데…"라는 걱정도 하게 된다.

이런 이유로 미리 예방주사처럼 "아니다, 너보다 더 힘센 아이들도 많아."라고 말하면서 좌절과 시련을 미리 경험시키는 경우도 있으나, 이는 매우 위험한 발상이다.

전지전능을 꺾으면 성장하는 아이에게 상처를 남긴다. 어릴 적 느꼈던 충격적인 좌절이나 아픈 기억은 자신의 한계로 연결되어 견디기 힘든 실망감과 무능감, 굴욕감으로 이어지기 때문이다.

자신의 한계를 느낄 적마다 격렬한 부정적인 감정이 올라와서 주변 사람들이 아무리 칭찬을 하고, 진심으로 부러워해도 그저 인사치레로 생각한다. 자신의 가치를 평가절하 하게 된다. 그것이 지나치면 자신을 조롱한다고 생각하여 화를 내기도 한다.

전지전능과 현재의 부정적인 감정이 겹칠 때 감정이 격해진다. 화낼 일이 전혀 아닌데, 화를 내는 경우다. 화를 조절할 능력이 없는 것이다. 상처를 해결해 주어야 한다.

자녀의 열등감 해결

칭찬하기

'비교'는 열등감을 잘 드러내는 단어다. 여섯 살 난 딸을 둔 한 엄마의 사연이다. 이 딸은 참 밝고 명랑하고 얼굴도 예쁘다. 그런데 엄마는 요즘 이 딸 때문에 걱정이 태산이다.

이 딸 앞에서는 다른 다른 아이를 칭찬하기가 어렵다. "너 참 예쁘다."라고 다른 아이를 칭찬하면 "엄마, 나는요? 나는 안 예뻐요."라고 하면서 반드시 묻는다. 엄마는 마지못해 "우리 딸도 예쁘지."라고 억지 칭찬을 한다.

친구들과 놀다가 뭔가 자기 마음에 들지 않으면 삐지거나 친구들이 자기가 하자는 대로 하지 않으면 혼내 달라고 일러바치기도 한다.

나아가 자기보다 소꿉장난을 잘 하거나 무언가 잘하는 친구를 보면 "나는 더 잘할 수 있는데."라고 하면서 그 친구의 능력을 인정하지 않는다. 또한 주위의 관심이 다른 친구에게 쏠리면 곧바로 삐져서 소리를 지르거나 물건을 던져서 그 시선을 자신에게로 돌리려 한다.

그리고 게임을 하다가 자기가 질 것 같으면 "나 안 해!"라고 하면서 삐지거나 게임을 포기해 버리기도 한다.

이 아이의 마음에는 어떤 아픔이 있기에 이런 행동을 할까?

열등감에서 온 것이다.

사실 요즘 양육자들은 양육을 잘한다. 아이들을 향한 비난은 줄어드는 양상을 보이고 있다. 문제는 과도한 칭찬이나 무분별한 칭찬이 아이의 마음을 병들게 한다. 아이의 행동에 대해 가치를 평가하는 그런 칭찬은 비교 의식을 고착화시키는 위험한 칭찬이다.

"네가 제일 잘했어. 네가 1등이야. 네가 최고야."

이런 칭찬은 아이를 병들게 한다. 아이를 망치는 일이다. 왜 그럴까? 칭찬을 뒤집어 보면 "꼴등은 무능한 거야."라는 메시지를 담는다.

[사례] 1등보다 존재를 칭찬하라

"네가 1등을 하든 꼴등을 하든 간에 엄마에게는 중요하지 않아. 엄마는 그냥 네가 옆에 있는 것만으로도 행복해. 꼭 무엇을 잘 하려고 노력하지 않아도 돼. 넌 그 자체로 소중한 아들이야."

현재 있는 그대로의 모습을 인정하고 칭찬하는 것이 최고의 칭찬이다.

공부를 못하던 아이가 갑자기 80점을 받아 왔다. 이때 "잘했다. 다음에는 더 노력해서 100점을 맞자."라고 말하는 것은 겉으로는 칭찬처럼 보이지만, 아이에게는 부족함을 강조하는 메시지로 받아들여질 수 있다. 이럴 때 아이는 후회한다. 중요한 것은 결과가 아니라 과정과 노력을 칭찬해야 한다.

[사례] 결과보다 과정을 칭찬하라

퇴근길, 엄마는 문득 생각한다.

"오늘 저녁은 뭘 먹지. 누가 밥을 해주면 좋겠다."

집에 도착해 보니 중학교 1학년 딸이 저녁을 차려 놓았다.

이때 어떻게 칭찬하는 것이 바람직할까.

많은 부모가 "고마워."라고 말한다. 물론 나쁜 표현은 아니지만, 이것만으로는 충분하지 않다. 결과에 대한 반응에 그칠 뿐, 아이가 그 과정에서 어떤 마음과 노력을 기울였는지는 담기지 않기 때문이다.

아이의 행동 뒤에는 여러 가능성이 있다. 숙제의 일환이었을 수도 있고, 엄마를 도와주고 싶은 마음이었을 수도 있다. 중요한 것은 결과가 아니라, 그 행동에 담긴 의도와 과정이다.

따라서 이렇게 말해 줄 수 있다.

"학원 다녀오느라 힘들었을 텐데, 엄마 생각해서 밥까지 차렸구나. 정말 고맙다."

이러한 표현은 단순한 결과가 아니라 아이의 마음과 노력을 함께 인정하는 방식이다. 아이는 자신의 행동이 이해받았다고 느끼며, 관계 속에서 존중받는 경험을 하게 된다.

반대로 "고마워!"라는 말만 건네면, 무엇이 고마운지 구체적으로 전

당신은 지금, 자녀와 전쟁 중인가?

달되지 않는다. 결국 아이는 자신의 행동 중 어떤 부분이 인정받은 것인지 명확히 알기 어렵다.

결과가 아닌 과정과 마음을 짚어 주는 것, 그것이 진짜 칭찬이다.

조언은 비난과 폭력

부모는 아이를 사랑하기에 '조언'을 하지만, 조언은 아이의 열등감을 부추기는 데 크게 작용을 한다. 조언이 부모의 기준과 아이의 기준이 크게 다르기 때문이다. 부모는 조언을 했다고 생각하는데 아이는 야단을 맞았다고 생각한다.

유아기, 청소년기 자녀를 둔 부모들은 제일 가슴 조이는 시기다. 엄마의 못마땅한 표정, 행동 하나로도 아이들은 혼이 나고 있다고 생각한다. 나아가 말의 어휘나 어투에 상당히 힘이 들어가고 조급함이 묻어난다.

"너 이렇게 공부를 못하면 좋은 대학에 갈 수 없어. 좋은 직장을 구할 수도 없어."

이와 같은 말만으로도 아이는 충분히 부담을 느끼고 열등감을 형성하게 된다. 여기에 부모의 조바심이 더해지면 표현은 점점 더 과격해지고, 자칫 정서적 폭력으로 이어질 수 있다.

"이렇게 공부도 안 하면서 대학에 갈 수 있겠어? 취업은 할 수 있겠어? 엄마가 어떻게 얼굴을 들고 다니니?"

이 말은 겉으로는 조언처럼 들리지만, 실제로는 아이를 향한 비난이자 질책이다. 메시지의 초점이 아이의 성장이나 가능성이 아니라 부모의 불안과 체면에 맞춰져 있기 때문이다.

이런 과오를 범하지 않기 위해서는 더 중립적인 마음으로 임해야 한다. 아이의 마음을 헤아리면서 표정, 말투, 몸짓 하나까지도 신경을 써야 한다. 그러지 않으면 이 비난은 아이의 열등감을 더욱 부추기게 된다. 그래서 부모는 '타이른 것'이라고 생각하지만, 아이는 "우리 부모님은 늘 화만 내요."라고 받아들인다. 같은 상황을 두고 서로가 전혀 다르게 인식하는 것이다. 결국 이는 기준과 해석의 차이에서 비롯된다.

사실 그대로 칭찬하기

열등감이 높은 사람은 아이나 성인이나 상관없이 '불안' 지수가 높다. 불안은 겉으로 드러나지 않고 내부적으로 은폐된 불안이 많은 것이 대부분이다.

"저 사람은 표정이 왜 저렇게 안 좋아? 내가 무슨 실수를 했나? 내가 뭘 잘못한 건가?"라고 생각하여 불안하고 죄책감에 매몰되는 경우가 많다.

아이들은 이런 불안을 잠재우고 싶어 한다. "네 탓이 아니다. 넌 잘하고 있어!"라는 말을 해주어야 한다. 확실하게 책임을 회피할 수 있는 메시지를 듣고 싶어서 그런 것이다. 그런데 주위 사람들은 이런 메시지를 주지 않는다. 그래서 "엄마 나는요? 선생님 나는요?"라고 계속해서 확인하는 질문을 할 수밖에 없는 것이다.

내가 자녀를 있는 그대로 인정해 고 칭찬하고 있는지, 격려하고 있는지 한 번 면밀히 돌아볼 필요가 있다. 그런데 많은 양육자분들은 이러한 실천을 어려워한다.

아이가 "엄마 나는 착해요? 선생님 나는요?"라고 묻는다면 그냥 있는 그대로 이야기해 주면 된다.

당신은 지금, 자녀와 전쟁 중인가?

"아, 우리 아들은 스스로 착하지 않은 사람일까 봐 걱정되는구나. 선생님이 너를 좋아하지 않을까 봐 걱정되는구나. 그런 걱정하지 않아도 돼. 우리 아들은 그냥 소중한 사람이야."

이렇게 말해 주면 된다.

있는 그대로 인정해 주고 지지해 주는 것은 다른 말로 자존감이라 할 수 있다. 영유아기에는 주위 사람들의 피드백이 그대로 자기의 자존감을 형성해 가는 시기다.

사회의 피드백 중에서 강력하게 영향을 미치는 것이 바로 부모의 피드백이다. 문제는 양육자자들이 자녀를 사랑하는 마음이 너무 지나쳐서 남의 편이 되는 경우가 많다.

나는 지금, 내 소중한 자녀의 편이 되어 주고 있는가?

그냥 그 아이를 인정해 주면 될 일인데도 부모는 오히려 불안을 자극하는 말을 건넨다.

"아들아 자꾸 그렇게 물으면 사람들이 너를 귀찮게 생각해. 네가 자꾸 이렇게 물으면 너를 싫어할 수도 있어."

이러한 말은 아이를 불안하게 한다.

이렇게 비교와 비난하면서 부정적인 피드백을 하는 경우가 많다. 그러면 아이는 민망하고 나는 못난 사람이라는 생각을 한다. 자신을 인정해 주지 않고 타인 앞에서 자신을 판단하는 부모가 마냥 야속하고 부모의 사랑이 의심되고 억울한 마음마저 든다.

그 결과, 아이의 마음에 더 큰 열등감이 자리 잡게 된다. 이 불안한 마음을 자꾸 확인하게 되고, 자신이 원하는 대답을 듣지 못하면 더 불안해져서 안절부절못하고 강렬한 감정이 올라온다. 내가 다른 애들보다 못하다는 비교 의식이 강해지면서 열등감 콤플렉스로 발전하게 된다.

자존감 높이기

열등감을 해소하는 가장 강력한 무기는 자존감이다. 자존감을 충족시키는 가장 중요한 요소는 자기효능감이다.

"난 할 수 있어. 난 이겨낼 수 있어."라고 생각하는 회복탄력성이다.

요즘 양육자들은 자녀가 조금이라도 위험하거나 힘들 수 있는 상황에 놓이면, 스스로 도전하고 성취할 기회를 빼앗은 채 대신 해결해 주는 경향이 있다.

"엄마, 이거 못하겠어. 엄마가 해줄게. 넌 못해. 위험해!"라고 말하며 엄마가 대신해 준다. 언제까지 엄마가 대신해 줄 것인가. 참으로 안타까운 현실이다.

[사례] 자존감을 낮추는 부모

초등학교 6학년 남학생의 사연이다. 친구들이랑 놀고 싶은데 엄마가 못 놀게 한다. 엄마가 못 놀게 하는 이유는 집이 멀어서 위험해 못 만나게 하는 것이다.

"얼마나 머니?"라고 물었다. 걸어서 4분 걸린다고 했다.

엄마는 도로를 건너야 하고, 시간도 많이 걸리고, 차가 위험하다고 했다.

"그럼 학원은 어떻게 가니?"라고 물었더니, 차가 집 앞으로 와서 태워 간다고 했다. 초등학교 5학년 아이가 걸어서 4분 거리를 위험해서 갈 수 없다고 여기는 것은 쉽게 이해가 되지 않는 상황이다. 이런 상황에서 아이가 자기 효능감을 느끼는 것은 사실상 불가능한 일에 가깝다.

4분 거리를 혼자서 이동해 보지 못한 아이가 무엇을 혼자서 할 수 있을까? 성취감을 느끼기 위해서는 일단 부딪쳐 봐야 한다. 실패의 경험, 좌절의 경험, 인내를 경험해야 하고, 두려움도 느껴 봐야 한다. 이런 어려움을 딛고 성공했을 때 "내가 해냈어, 난 이제 무섭지 않아!"라고 생각하며 성취감을 느끼게 되고 자존감을 높일 수 있다.

그런데 그 모든 것을 부모가 차단해 버리면 아이는 자신의 능력을 확인할 길이 없고, 입증할 방법도 없다. 자연적으로 불안은 더 늘어나고 자신이 무능하다는 열등감에서 벗어날 길이 없다. 아이의 능력으로 감당하기 어려운 일을 아이에게 시키는 것 또한 자존감을 낮추게 하는 것이다.

[사례] 자존감을 높이는 대리 경험

대리 경험은 자신과 비슷한 또래의 성공 사례를 관찰하며, 이를 통해 도전 의지를 형성하는 과정을 의미한다.

예를 들어, 다른 아이들은 두발자전거를 타고 있는데 우리 아이는 아직 세발자전거를 타고 있다면, 아이는 자연스럽게 자극을 받는다. 이때 부모는 "두발자전거를 한번 타볼까?"라고 제안하며 도전을 유도할 수 있다. 아이는 무섭다고 하거나 두렵다고 표현할 수 있다. 중요한 것은 그 과정을 부모가 대신 해결해 주는 것이 아니라, 아이 스스로 시도하고 극복하도록 지지하는 것이다.

배변 훈련 역시 대표적인 사례다. 어른용 변기를 사용하는 또래 아이의 모습을 보며 도전 의식을 갖게 하고, 적절한 안내와 지지를 통해 스스로 해낼 수 있도록 돕는 것이다. 이 과정은 아이의 본능과 직접 연결된 과업이기 때문에, 성공했을 때 매우 강한 성취감을 경험하게 한다.

결국 대리 경험은 '나도 할 수 있다'는 믿음을 형성하는 출발점이 되며, 이는 자기효능감으로 이어진다.

3.

자존감을 높이는 대화

●

부모의 존재가 자녀에게는 목숨과 같다. 자녀에게 문제가 발생할 때, 부모는 언제나 편안한 조력자나 상담자가 되어야 한다. 하지만 안타까운 것은 아이들이 어려울 때 부모를 찾는 경우는 거의 없다고 한다. 아이러니하다.

왜 그럴까?

자녀는 소통을 원하고 있고 부모는 올바른 길로 안내하고 싶은 두 존재의 욕구의 충돌이다.

아이들은 매번의 경험으로 내 마음을 털어놓는 것은 현명한 것이 아니라고 판단을 하게 된다, 부모의 입장에서는 도무지 이해가 되지 않는 것이다. 나 같은 부모를 어디서 찾나 한다. 내가 성장할 때 나의 부모가 자신 정도만 됐어도 지금보다 더 잘 되었을 것이라고 생각하기 때문이다.

이것은 어디까지나 양육자의 입장이고 아이들은 과거 힘들었던 부모를 생각하는 것이 아니다. 지금 힘든 삶을 살고 있는 자신을 힐링해 줄 부모가 필요한 것이다. 부모는 아이가 힘들 때 아이의 따뜻한 동아줄이 되어야 한다.

아이들은 자신에게 어려운 일이 생겨도 혼자서 해결해 보려고 버틴다. 손을 쓸 수 없는 지경까지 이르게 되는 경우가 많다. 내 아이의 일을 다른 사람을 통해 알게 되기도 하며, 그러는 사이 아이는 스스로 자신을 포기해 버리는 경우도 종종 있다. 안타까운 일이다.

부모는 아이들에게 울타리가 되고 믿음의 존재가 되어야 한다. 이를 위해서는 아이들이 부모에게 자신의 마음을 있는 그대로 털어놓고 말할 수 있는 분위기를 조성해야 한다.

우리 아이들의 든든한 동아줄이 되어 주기 위해서는 어떻게 해야 할까?

문제는 대화법이다. 부모는 대화를 한다고 하지만 내용을 들여다보면 대화가 아니고 비난, 지적, 판단 심지어는 조롱으로 들리는 말을 한다. 그러다 보니 대화를 하면 할수록 아이는 상처를 받고 마음의 문을 더욱 걸어 잠그게 된다.

부모는 이런 사실을 알고 있을까?

꿈에도 모른다. 이는 아이의 문제라고 판단하고 아이를 고쳐야 한다고 생각한다. 이런 대화법으로 소통을 하는 가정에서 성장하는 아이들은 자신의 신변에 문제가 생겨도 부모에게 말할 수 없는 것이다. 이유는 사실을 말해 봤자 비난을 받거나 야단을 맞을 것이 뻔하고, 그로 인해 더 큰 상처만 받기 때문이다. 지금도 힘들어서 감당하기 어려운데 부모가 알면 더 힘들어질 게 분명하기 때문에 말을 하지 않는 것이다.

자존감을 죽이는 대화

자존감을 죽이는 대화는 무엇이 있을까?

'아이를 지적하거나 꾸짖는 부모'

우리는 감정을 말할 때 이를 2차 대화라고 부른다. 이러한 2차 대화가 많아야 건강한 가정과 사회가 된다.

부정적인 감정이란 무엇인가?

우울하다. 화났다. 슬프다. 그 말을 하면 안 된다. 두들겨 패고 싶다. 때리고 싶다. 심할 경우에는 자신이 싫어하는 사람을 해치고 싶다는 극단적인 생각에까지 이르게 된다.

이런 감정은 부정적인 감정일 뿐이지, 나쁜 감정이거나 품어서는 안 되는 감정은 아니다. 부정적인 감정은 좋은 감정은 아니지만 감정을 표현하고 있기에 '2차 대화'라고 할 수 있다. 중요한 것은 아이가 2차 대화를 시도할 때 우리는 대화의 기회를 잡아야 한다.

아이가 부정적인 감정을 드러내면 어떻게 해야 할까?

일반적으로 "너 어디 엄마 앞에서 그런 말을 해. 친구랑 사이좋게 지내야지. 그건 나쁜 생각이야. 예쁜 입으로 그런 말을 해." 이런 말을 들은 아이는 다음부터 부정적 감정 표현을 억제한다.

왜 그럴까?

야단맞을까 봐?

아이의 핵심적인 감정을 뒤로 하고 아이의 거친 표현을 지적하느라 2차 대화를 못하는 실수를 범하게 된다.

그럼 아이는 어떤 마음이 들까?

"우리 부모는 내가 부모를 필요로 할 때 한 번도 내 편인 적이 없었어. 내 마음을 너무 몰라. 괜히 말해서 기분만 더 나빠졌네. 두 번 다시 말하지 않을 거야."라고 생각하게 된다. 사실 부정적인 감정이 존중을 받아야 그 다음부터 대화가 시작된다.

'비판하는 부모'

아이가 학교에 다녀와서 있었던 일을 이야기한다.

"엄마, 우리 반에서 학교 폭력이 일어났어. 오늘 영수가 수영이 때려 가지고 수영이는 울고불고 난리를 쳤어."

그 말을 듣던 엄마는 이렇게 말한다.

"영수가 그럴 줄 알았어. 영수 걔 왠지 느낌이 별루더라. 너 앞으로 걔랑 놀지 마. 애가 좀 이상해 보이지 않니. 수영은 뭔데 맞고 다녀? 걔 왠지 약해 보이더니, 바보 같이 맞고 다니는구나. 너 앞으로 영수와 놀지 마."

이 말을 들은 아이는 어떤 생각을 할까?

나도 지난번에 친구와 싸운 적이 있었는데, 엄마가 알면 분명 난리가 날 것이다. 그래서 맞더라도 엄마에게는 말하지 말아야겠다고 생각한다. 엄마는 "약해 빠졌네", "넌 맞고만 있었냐?" 하며 화를 낼 게 뻔하다. 아이에게는 그 상상만으로도 끔찍한 일이다.

'아이 탓으로 돌리고 야단치는 부모'

"엄마, 오늘 학교에서 수영이랑 싸웠어." "왜 싸워?" "수영이가 도서관에서 기다려 주지도 않고 먼저 가 버렸잖아. 나는 늦게까지 기다려 줬는데, 짜증나." "네가 도서관에 들어갈 때 기다려 달라고 했어야지. 애가 아무튼 야무진 구석이 없어."

아이가 말한 목적은 내 편을 들어 달라는 것인데, 욕만 먹었다. 이러면 다음부터는 말을 하지 않는다.

아이는 어떤 생각이 들까?

아이는 두 가지 감정이 든다. 하나는 '엄마는 내 엄마 아니고 걔 엄마야?'라고 생각하며 부모에 대해 화가 나게 된다.

다른 하나는 '내가 바보인가? 난 맨날 왜 이 모양인가? 이런 내가 너무 싫다.'라고 생각하고 자신을 비난한다.

이런 아이는 자존감이 낮아질 것이다.

자신에게 안 좋은 일이 생겨도 '난 이런 일을 당해도 싸!'라고 생각하고 자신을 왜곡된 시선으로 보게 된다. 자신을 변호하고 저항할 이유를 찾지 못한다.

'무관심한 반응'

아이의 말에 전혀 반응하지 않는다. "엄마가 어쩌라고?" 말을 하거나 바쁘다는 핑계로 아이의 말문을 막아 버리는 경우다. 이렇게 반응하는 부모를 보면서 아이는 자신을 귀한 존재라고 생각할까? 그럴 가능성은 전혀 없다.

이외에도 아이의 자존감을 죽이는 대화법이 많다. 내가 상담을 하다 보면 답답할 때가 너무 많다. 그러면 아이가 문제가 생겼을 때 바로 부모에게 마음을 털어놓을 수 있을까?

자존감을 높이는 대화

'공감 대화'

부모가 가장 먼저 해야 할 일은 아이의 마음을 이해하고 공감해 주는 것이다. 아이가 "저 친구를 죽여 버리고 싶어."라고 말할 때 "우리 아들이 화가 많이 났네. 진짜 화가 나면 그런 생각이 들 수 있지. 얼마나 화가 났으면 그렇게 말하겠니?"라고 하면서 엄마도 이해가 된다고

 당신은 지금, 자녀와 전쟁 중인가?

해야 한다.

아이는 자기 마음 속의 감정 쓰레기를 꺼내면 엄마가 화를 낼 줄 알았는데 내 편을 들어주는 것에 든든한 지원군을 얻은 것 같아 극에 달했던 분노가 점점 누그러지는 경험을 하게 된다. 그리고 사물을 조금 더 냉정하고 객관적으로 보는 여유가 생긴다.

그러면서 '나도 잘못한 게 있지.'라고 생각하게 된다.

부모가 굳이 지적해 주지 않아도 스스로 자신의 행동을 돌아보게 된다. 그러면 이러한 격한 감정 표현을 더 이상 쓸 이유가 없어진다. 그런데 아이가 유아기나 초등학생일 경우에는 공감 후 대안을 제시해 주는 것이 좋다.

"아들아, 네가 친구를 죽여 버리고 싶다고 하니까 엄마가 좀 무서워, 앞으로는 화가 날 때 다른 말을 써 보면 어떨까?"라고 말하면서 엄마의 마음도 전달하고, 또 대체할 말을 스스로 생각해서 찾을 수 있게 도와주는 것이 바람직하다.

'비판보다는 공감하는 대화'

위에서 나왔던 사례처럼 있었던 일을 전달할 때도 비판보다는 두 아이 모두의 입장을 공감하면서 전달해야 한다.

"영수가 화가 많이 났나 보네. 그래도 때리는 것은 좀 그렇다. 그런데 맞은 수영이는 얼마나 속상할까? 네가 잘 위로해 줘."라고 말하면 된다. 아이들이 가끔은 "엄마, 우리 반에 어떤 애가 자꾸 물건을 뺏기고 그래요."라고 말하기도 한다. 이때는 실제로는 자신의 일을 친구 일인 것처럼 바꿔 말하면서 엄마의 의중을 떠보는 경우도 있다.

이때 엄마는 "너 이거 네 이야기야? 똑바로 말해?"라고 아이를 몰아세우면 안 된다. 아이가 정말로 친구의 일을 이야기한 거라 해도 아이는 나중에 자신에게 이런 일이 생겨도 말하지 않게 된다. 정말 자신의 일일 때는 부모의 반응에 지레 겁을 먹고 입을 닫아 버리는 일이 생길 수 있다.

"그런 일이 있었구나. 당하는 아이는 얼마나 힘들까? 네가 부모에게 이야기하라고 해줘. 부모는 항상 네 편이니까?"

이 말을 들은 아이는 '엄마는 정말 내 편이구나. 엄마한테 다 말해야겠다.'라고 생각하고 용기를 내어 말할 것이다.

아이가 학교에서 친구들과 싸우고 왔다면 어떻게 하겠는가?

"얼마나 속상했어. 그런데 너는 어떻게 해결하고 싶어?"

"그 친구랑 안 놀려고."

"마음이 많이 상했구나!"

이때 부모가 "그래도 놀아야지."라고 말하면 안 된다.

백화점에서 아이가 티셔츠 한 장을 산다 해도 "엄마 어떤 게 나아요?"라고 물어 본다면 "우리 딸이 마음에 드는 걸로 사야지. 네 마음에 들면 엄마 마음도 마음에 드는 거야."

"엄마 문제가 생겼어. 어떻게 할까요?"라고 물었을 때는 어떻게 해야 할까?

엄마는 "이럴 땐 이렇게 해야지. 그게 맞아."라고 말하기보다는 "너는 어떻게 하고 싶어? 엄마는 네 마음이 중요해. 네 생각은 어때?"라고 다시 질문한다.

아이가 자신의 생각을 이야기할 수 있는 기회를 주기 위함이다. 아이가 대답을 하면 내 마음에 들지 않아도 크게 문제가 되지 않는다면 "그래. 그러면 그렇게 해. 엄마가 도와줄게."라고 말해 준다. 아이는 매사에 부모로부터 존중받고 마음의 힘도 길러지게 되니 힘들 때마다 내 편인 엄마를 찾게 된다.

'아이가 잘못했을 때 격정'

"아들 많이 놀랐겠다. 걱정 많이 했지? 엄마한테 말해 줘서 고마워. 이것을 어떻게 하면 좋을까?"

실수나 잘못을 비난하고 지적하기보다는 힘들어 하는 아이의 마음을 먼저 읽어 준다. "용기 내어 말해 주니 고마워."라고 말해 주고 그 일을 해결하도록 도와준다면 아이는 따뜻한 마음으로 건강하게 성장할 것이다.

아들이 친구와 싸워서 학교에 불려 갔다 온 상황에서 "엄마는 힘들게 일하는데 싸움이나 하고 다니니?"라고 말하기보다는 이렇게 말하는 것이 바람직하다.

"그래, 친구랑 지내다 보면 싸울 수도 있어. 너는 어떻게 해결하고 싶어?"

아이가 "사과할게요"라고 말할 수도 있고, 사과하지 않겠다고 할 수도 있다. 중요한 것은 아이 스스로 상황을 판단하고 선택해 보게 하는 것이다. 아이들은 생각보다 상황을 객관적으로 바라볼 수 있는 힘을 가지고 있다.

위에서 언급한 대화법은 가해 학생, 피해 학생 모든 자녀에게 자존감을 높이는 마음의 힘을 길러 주는 대화법이다. 비단 아이들뿐만 아니라 성인들도 똑같은 방법으로 대화를 하면 자존감이 높아지고 관계가 좋아진다.

칭찬과 비난을 병행하지 않기

'구체적 칭찬'

"학원에 다녀와서 피곤했을 텐데, 엄마를 위해 저녁밥을 준비했네. 고마워." 이처럼 아이의 상황과 노력을 함께 짚어 주는 것이 중요하다. 단순히 "잘했다, 고맙다"라고만 말하는 것은 절반의 칭찬에 그친다.

'결과가 아닌 노력을 칭찬하기'

아들이 밤늦게까지 공부하는 모습을 보면, 엄마는 안쓰럽기도 하지만 기특한 마음이 든다. 이때는 아들의 '인정받고 싶은 욕구'와 노력 자체를 칭찬해 주는 것이 좋다.

"끝까지 해내려는 모습이 멋지다. 우리 아들 대단하다." 이렇게 말하면서 가볍게 어깨를 한 번 두드려 주는 것도 좋은 표현이다. 반면에, 딸에게는 존재 자체를 인정해 주는 칭찬이 효과적이다. "우리 딸이 있어서 엄마는 참 행복해."

'칭찬만 하기'

칭찬만 하는 것이 좋다.

'의도를 가진 칭찬은 금물'

"옆집 친구는 1등 했더라. 우리 아들도 열심히 했으니 다음에는 1등 할 수 있어." 이 말은 겉으로는 칭찬처럼 보이지만, 실제로는 비교와 기대를 담은 압박에 가깝다.

자기 자신 칭찬

칭찬은 중요한 마음의 씨앗이다. 칭찬을 잘하는 사람은 긍정적인 사고를 가지고 있다. 칭찬은 상대를 긍정적으로 봐야만 가능하다. 긍정적인 사고의 중심에는 소망이 자리잡고 있다. 나아가 긍정적인 사고는 장애물을 대수롭지 않게 여긴다. 시련이 닥쳐 와도 쉽게 포기하지 않는다. 그 속에서 반드시 소망을 찾아낸다. 주변 사람, 친구들, TV 속 인물, 동화 속 인물들 속에서 칭찬할 것을 찾아본다.

지금까지 한 번도 깊이 생각해 본 적이 없는 대상들을 머리에 떠올리며 그들의 강점을 찾는 과정은 긍정적인 사고 발달에 도움이 된다. 주변 인물들에 대한 칭찬하기가 끝나면 마지막으로 자기 자신을 칭찬하도록 한다. 아이가 스스로 자신을 칭찬하는 시간을 갖도록 하고, 아이의 생각이 막힐 때는 엄마가 아주 사소한 장점이라도 거론하고 표현해서 스스로 칭찬할 수 있도록 도와준다.

그래서 스스로가 귀하고 유능한 존재라는 걸 느끼게 해주기 위함이다. 또 하나의 이유는 누군가에게 의존하지 않고 스스로 자신의 마음을 지키고, 무너진 생각을 일으키는 것을 배우게 하는 데 있다.

이것은 내가 나를 건강한 인격체로 세우고, 나로 인해 주위 사람들이 같이 행복해지고 용기를 얻도록 하기 위한 훈련이라고 할 수 있다. 칭찬은 아이를 선한 영향력을 끼치는 존재로 성장시키는 과정이 될 수 있다.

4.
자존감을 높이는 대화

●

부부 갈등

부모들이 자녀들의 갈등을 마주할 때 일반적인 반응은 "왜 싸워? 사이좋게 지내야지."라고 하면서 갈등 자체를 부정하게 된다. 그러나 갈등 자체는 나쁜 것이 아님을 분명히 알아야 한다.

갈등은 관계에 유익한 것이며, 신이 준 선물이라고 할 수 있다. 불완전한 인간은 갈등을 통해 점점 더 성숙해지고 성장하기 때문이다. 우리가 주목해야 할 것은 갈등 자체가 아니라 이 갈등을 어떻게 해결하느냐에 초점을 두어야 한다.

우리의 삶을 되돌아보면 관계 속에서 일어나는 대표적인 갈등은 부부 간의 갈등이다. 부부 간의 갈등은 생각만 해도 피곤하고 스트레스가 올라오며 많은 에너지와 시간이 소비되기 때문이다.

부부 문제로 찾아오는 내담자들과 상담을 하다 보면 남편과 아내 각각의 공통점이 있다. 남편들은 복잡한 것을 싫어한다. 아내들은 차분히 이야기를 나누고 해결하기를 원한다. 이 두 가지 특징이 부딪치니 해결하는 과정이 쉽지 않다.

부부 갈등은 한 번 끝까지 해결해 볼 필요가 있다. 싸우는 이유가 거의 비슷하다. 한 번 해결 경험을 하면 다음에는 세련되고 싸움이 줄어들 수 있다. 이럴 때는 화를 내고, 이럴 때는 피해야 하겠다는 기준이 생긴다. 노인들은 싸울 일이 없는 것이 아니고 싸움이 힘드니까 피한다.

[사례] 서로를 안다고 착각하는 부부 갈등

몇 십 년을 살아 온 나의 생각과 행동의 패턴을 바꾸는 일은 쉽지 않다. 특히 남편들은 갈등 상황을 힘들어하고 외면하려는 경향이 강하다. 부부 싸움을 하다가 자리를 뜨거나 강제로 아내의 말을 잘라 버리고 더 이상 아무 말을 못하게 하는 경우가 이에 속한다.

어느 부부가 서로 눈만 봐도 안다고 했다. 그럼, 왜 싸우느냐고 물었다. 남편에게 아내와의 갈등을 해결하는 방법을 적어 보라고 했다. 남편이 생각하는 것과 아내가 생각하는 것은 전혀 다르다. 남편은 깜짝 놀라며 말한다. "전혀 몰랐습니다." 서로 안다고 생각하지만 전혀 모르는 경우가 많았다.

갈등은 문제보다는 상대의 태도 때문일 때가 더 많다.

아내들의 가장 큰 불만은 남편들이 이렇게 묻어 버리면 다 해결된다고 생각한다는 점이다. 아내들은 이 문제에 대해 서로의 생각을 나누고 불필요한 감정 소모를 없애기 위해 서로가 어떤 노력을 해야 할지 대화를 하면서 풀어내기를 원한다. 하지만 남편들에 의해 갈등을 강제 종료해야 하는 상황이니 답답한 것이다. 그렇게 되면 아내들은 해소되지 않은 감정의 앙금과 갈등이 더해져 마음이 복잡해진다.

갈등이 또 일어나게 되면 남편들은 피하려 하고, 그런 남편의 태도에 불만을 가진 아내는 본의 아니게 태도가 더 격해지는 악순환의 과정과 불만이 더욱 커져 가게 된다. 이것은 복잡한 것을 싫어하고 골치 아픈 건 외면하고 싶어 하는 남자들의 심리와 이 일을 해결하려는 여자들의 심리의 불일치라고 할 수 있다. 이것은 서로에게 도움이 되지 않기에 현명한 방법은 아니다. 이처럼 갈등을 해결해 가는 기술에 익숙해지기 위해서는 충분한 연습과 훈련이 필요하다. 이런 훈련의 과정은 자녀들에게 학습이 된다.

우리 부부는 왜 맨날 비슷한 일로 싸우게 되는 걸까?

이는 서로의 타고난 기질의 가치관과 생활 습관이 한 교차점에서 늘 부딪치기 때문이다. 그래서 갈등이 벌어졌을 때 다소 힘들고 과격해질 수는 있지만, 이 갈등을 끝까지 한 번이라도 해결해 내는 경험을 할 필요가 있는 것이다.

다음에 똑같은 일로 갈등이 생기면 지난번 갈등을 끝까지 해결해 본 경험을 거울삼아 좀 더 발전된 해결 방법을 찾아내게 될 것이다. 그러면 갈등의 시간과 강도는 많이 줄어들게 되고, 해결 과정도 노련해지게 된다. 이런 경험이 누적되다 보면 나중에는 어떠한 갈등이 찾아와도 갈등을 객관적으로 들여다보는 힘이 생기고, 감정보다는 이성적으로 해결 방법을 찾아내는 성숙한 부부가 될 것이다.

하지만 결혼 생활을 몇 십 년 해온 부부에게는 결코 쉬운 일이 아니다. 어느 한쪽이 평정심을 잃게 되면 갈등을 풀어내기가 무척 힘들어진다. 성인들도 갈등을 조절하기가 힘든데, 우리 자녀들은 어떠할까?

자녀 갈등

자녀 갈등 해결 5단계

자녀들은 싸우면서 성장한다. 초등학교, 중학교, 고등학교 모두 비

숯하다. 부모들은 자녀들이 싸우면 "왜 싸워? 사과해. 손잡고 가야지."
라고 말한다. 이렇게 해서 문제가 해결될까? 손은 잡고 갈 수 있는데
분노의 잔재는 그대로 남아 있다.

그럼 어떻게 해결해야 할까?

양육자가 자녀의 갈등을 마주했을 때 그 갈등을 지혜롭게 해결하는
5단계 과정이 있다.

'존중하기'

양육자들은 자녀들의 갈등을 존중하는 것에서부터 출발해야 한다.
갈등을 부정하거나 대수롭지 않게 대해서는 안 된다. 부모들은 "왜 싸
워? 싸우는 건 나쁜 거라고 했지? 별것도 아닌 거 가지고 왜 그렇게 서
로 못 잡아먹어서 안달이야?"라고 반응하는 경우가 많다.

어른들이 볼 때는 별것이 아닌지 몰라도 아이들에게는 상당히 중요
하고 심각한 일일 수 있다. 그 마음을 존중해야 한다. 아이들도 자신
의 생각과 각자의 개성이 있다. 그래서 의견의 마찰은 당연한 것이다.
어른들의 갈등은 중요하고 아이들의 갈등은 하찮은 것이라고 무시해
서는 안 된다. 아이들의 격한 감정을 존중하고 공감해 주는 것이 중요
하다.

네가 무엇 때문에 화가 났는지 궁금하다. 우리가 들어보고 별것 아
닌 것 같아 "별것 아니네. 사과해. 괜찮아!" 하면 안 된다. 응어리를 풀
어 주어야 한다. "그랬어. 속상하겠다. 이해가 된다. 많이 속상했지."이
렇게 말해 주면 아이들은 안정이 된다. 객관적으로 사물을 보는 눈이
생긴다.

'분석하기'

아이들이 싸운 이유가 무엇인지, 왜 그런 말을 했는지, 왜 그런 행동을 했는지 등을 충분히 설명할 기회를 준다. 아이들이 싸운 이유를 분석하는 것이다.

그런데 실제는 어떠한가?

양육자들의 대부분은 분석 대신 판결을 내린다.

"너는 오빠한테 그렇게 대들면 돼, 안 돼? 누가 오빠한테 그렇게 대들어? 그리고 오빠가 동생한테 그냥 한 번 양보하면 되지. 그렇게 해서 이기면 기분 좋아? 안 부끄럽니?"라고 말하면서 야단을 친다.

동생 입장에서 따지고 보면 오빠랑 기껏해야 두세 살밖에 차이가 안 나는데 좀 대들 수도 있지 생각하고 야단을 맞은 이 상황이 억울한 것이다.

이 말을 들은 오빠도 마음이 편하지 않다. 원하지도 않은 오빠라는 굴레를 강제로 씌워 놓고 그 역할을 감당하지 못했다고 야단을 맞으니 억울하긴 마찬가지다.

오빠도 아직 어린데 그 나이에 맞게 응석도 부려야 하고, 투정도 부려야 하고 보살핌도 받아야 하는데 너무 일찍 어른 흉내를 낼 것을 강요당하는 상황에 부담을 갖게 된다. 그리고 성숙하게 행동하지 못했다는 자신을 비난하면서 자존감 또한 낮아지게 된다.

양육자들은 또 이런 말을 강요한다.

"서로 화해해. 미안하다고 해."

이렇게 강압적으로 개입하여 문제를 해결하려고 한다. 아이들은 양육자 앞에서 죄인일 수밖에 없다. 시키는 대로 한다.

"미안해. 서로 안아 줘."라고 명령한다. 아이들은 어쩔 수 없이 한다.

   당신은 지금, 자녀와 전쟁 중인가?

양육자들은 문제가 해결되었다고 착각을 일으킨다. 이것은 말 그대로 안아주는 시늉을 하는 거지. 해결된 것은 아니다. 아이들 마음속에 억울함과 분노는 그대로 남아 있다. 문제가 해결된 것이 하나도 없다.

'이해'

서로의 입장이 이해가 되어야 한다. 부모의 강압적인 개입이 들어가 판결과 집행된 상황에서는 절대로 이해가 될 수 없다. 아이들은 서로를 향한 분노와 미움만 더 쌓이게 된다.

양육자가 한 아이의 편을 들어주거나 평소 한 아이만 편애를 한 상황이라면 서로를 향한 분노와 불만은 더 격해지고 커지게 된다. 이건 형제 간의 갈등에 부모를 향한 원망이 추가된다. 자녀가 받는 분노와 억울함은 상상을 초월한다.

'용서'

용서를 구하는 사람의 진정성과 용서를 받는 사람의 진정성이 일치할 때 가능한 것이다. 갈등의 원인을 분석하고 이해가 되면 그 다음은 용서이다. 하지만 존중, 분석, 이해가 되지 않은 상태에서 아이들이 서로 용서하는 것은 힘들다. 그래서 부모의 눈에도 아이들의 감정이 해결되지 않은 게 보여 부모가 또 한 마디를 한다.

용서를 구하는 사람도 중요하지만, 더 중요한 것은 용서를 받는 사람이다. 강요에 의한 용서는 하나마나한 용서다.

그런데 부모가 "서로 미안하다고 사과해."라고 강요하는 경우가 많다. "오빠, 미안해." "동생, 미안해."라고 한다.

이 모습을 바라보는 부모는 뿌듯해 하면서 해결되었다고 생각한다.

정말 해결이 된 것 일까?

해결되기는커녕 앙금이라는 찌꺼기가 남았다.

'변화'

자녀들에게 변화가 생겨야 하는데, 지금까지의 상황에서 변화를 기대하는 것은 힘들다. 부모는 완벽하다고 생각할지 몰라도 긍정적인 작용은 하나도 없다. 부모의 바람과는 달리 자녀들은 해결된 것이 아무것도 없으니, 그 갈등은 더 심해지고 감정의 골은 깊어진다. 부모는 이런 상황이 이해가 되지 않아 어떻게 할지 몰라 걱정이 태산 같아진다.

'우리 아이들이 정서적으로 문제가 있는가?'

'내가 애들을 잘못 키운 것인가?'

'타고난 기질이 난폭한가?'

이런 생각들로 인해 근심과 죄책감에 시달리게 된다.

이처럼 자녀 간 갈등이 부모 간 갈등으로 번지는 경우가 적지 않다. 실제 상담 현장에서도 자녀 갈등을 주된 호소 문제로 제시하는 내담자가 많다. 그만큼 자녀 갈등에 대한 이해와 대응 방법에 대한 정보가 부족하며, 그로 인해 부모들이 예상보다 더 큰 어려움을 겪고 있는 경우가 많다.

아이들의 감정이 많이 격해져서 통제가 되지 않는 상황이라면 대화 자체가 되지 않는다.

이럴 때는 어떻게 해야 할까?

양육자는 단호하고 진지한 표정과 권위 있는 목소리로 차가운 사랑을 해야 한다.

"너희들이 화가 많이 난 거는 알겠어. 엄마도 화가 많이 났어. 마음 같아서는 야단을 치고 싶지만 그렇게 하지 않을 거야. 엄마는 오늘 너희들의 생각을 들어 보고 싶어. 여기 앉아. 심호흡을 세 번씩 해. 그러면 마음이 가라앉을 거야."

이처럼 엄하고 권위 있게 중재를 한 뒤, 대화를 진행해야 한다. 그러면 대부분의 아이들이 따르게 된다. 가끔은 두 아이 중 한 아이는 양육자의 지시가 싫다면서 대화를 거부하는 경우가 있을 수 있다. 대체로 큰 아이가 잘 그런다.

양육자는 어떻게 해야 할까?

"너 지금 안 앉으면 나중에 국물도 없어!"라고 협박을 해서는 안 된다. "알았어. 억지로 하지 않아도 돼. 너는 나가도 좋아."라고 하고, 한 아이와 함께 공감과 경청을 하면서 이야기를 나누는 것이 좋다.

중요한 사실은 양육자는 판사가 아니다. 판결을 하면 안 된다. 부모가 판사가 되어 판결을 내리고 훈계를 하면 두 번 다시 부모와 이런 대화를 하지 않으려고 한다. 부모는 철저하게 중립의 자세가 필요하다.

지금까지 언급한 내용을 토대로 각 단계에 맞게 자녀들의 갈등을 실질적으로 해결해 가는 과정을 보겠다.

'첫 번째, 존중'

아이들의 갈등을 무시하거나 축소하지 말고 있는 그대로 존중되어야 한다. 아이들 나름대로 싸우는 이유가 있기 때문이다.

'두 번째, 분석'

사실상 가장 핵심적이고 중요한 것이 분석이다. 아이들을 마주보게 하고 양육자는 가운데 앉아 삼각형 구도를 만들고, 분석의 규칙을 설명한다.

'첫 번째 규칙, 한 명씩 돌아가며 말하기'

누가 먼저 말을 할지는 둘이서 알아서 결정하게 한다. 서로 먼저 하겠다고 하거나 둘 다 나중에 하겠다고 할 수 있다. 그러면 가위바위보 결정하게 하거나 큰 아이가 먼저 말하게 한다.

양육자는 연필, 핸드폰 등 손에 쥐기 쉬운 물건을 하나 준비해서 말하는 아이에게 쥐어 주고 "지금부터 이 물건을 쥐고 있는 사람만 말할 수 있는 거야. 하고 싶은 말이 있어도 참아야 해. 할 수 있겠지?"라고 말해야 한다.

아이가 말을 시작하면 양육자는 공감을 해주어야 한다.

"그랬구나, 그런 일이 있었구나. 저런. 세상에."

아이의 마음에 공감하는 것이 중요하다. 양육자는 조금이라도 비난이나 판단하는 말이나 행동을 해서는 안 된다. 오로지 중립을 지키고 경청만 해야 한다.

'두 번째 규칙, 한 명이 말을 마칠 때까지 끼어들지 않기'

먼저 발언권을 가진 아이가 말을 시작하면 상대 아이는 끓어오르는 분노에 얼굴이 붉어지면서 막 끼어든다.

양육자는 "자, 지금 연필은 누가 쥐고 있지? 동생이 쥐고 있네. 그럼 동생 이야기가 끝날 때까지 기다려야지. 동생 이야기가 끝나면 네 차례니까 그때 다 이야기해."라고 말하면서 중재를 해야 한다. 양육자의 개입도 최소화해야 한다.

　　　　당신은 지금, 자녀와 전쟁 중인가?

양육자의 개입이 잦아지면 자신도 모르게 판결하고 훈계를 하게 된다. 그러다 보면 어느 순간 아이가 했던 말을 번복하는 경우가 생길 수 있다. 이것은 할 말을 다 했다는 것이다. 또는 말을 하다가 "음~", "어~" 하면서 추임새가 나와도 할 말을 다했다는 신호다.

그때 양육자는 "이번에는 형이 말을 해도 될까?" 확인하고 연필과 함께 발언권을 넘기게 한다.

'세 번째 규칙, 경청하기'

상대가 말을 할 때 아이들의 80% 이상은 딴짓을 한다. 손톱을 만지거나 한눈을 팔고 있는 등 다양하다. 이럴 때는 양육자가 개입을 한다. 말을 하는 아이에게 양해를 구하고 상대 아이에게 딴짓을 하지 말고 경청하도록 한다. 사실 분석은 내가 나의 감정과 받은 상처를 설명하고 또한 상대의 이야기를 들으면서 타인의 감정도 이해를 하고 상처를 받았는지 알아가는 시간이다. 이런 이유로 상대의 말을 경청하는 태도는 매우 중요하다.

이때 아이가 본질과 관계없는 말을 해도 들어야 한다. 생뚱맞은 이야기처럼 들릴지 모르겠지만, 아이는 그동안 하고 싶었던 이야기를 할 수도 있다. 끝까지 들어야 하는 이유다.

이때 상대 아이가 "갑자기 여기서 왜 그 말이 나오는데?"라고 역정을 내기도 한다. 그때도 양육자는 제지를 해야 한다. "지금 연필은 동생이 쥐고 있으니까 끝까지 들어보자."라고 설득하고 듣게 해야 한다.

이렇게 돌아가며 이야기를 하다 보면 어느새 상대가 왜 그런 말을 했고, 그런 행동을 했는지에 대한 이유를 자연스럽게 알게 된다.

어느 정도 아이들이 자기 할 말을 다 한 것 같으면 양육자가 개입해서 "자, 우리 서로의 이야기를 들어 보았는데 서로에게 해줄 말이 무엇일까?"라고 말하고 정리하는 시간을 갖는다. 대부분의 아이들은 미안하다고 사과하게 된다. 이것은 화해가 된 것이다. 하지만 더 이상 할 말이 없다고 하면 아직 감정이 덜 풀린 것이다.

이때 양육자는 "아들은 아직 마음이 불편하고 덜 풀렸구나. 언제든지 하고 싶은 이야기가 있으면 말해도 돼. 엄마가 들어 줄게."라고 말한다.

이처럼 분석이 잘 이루어지면 세 번째 이해, 네 번째 용서, 다섯 번째 변화는 순조롭게 될 수 있다.

아이들의 갈등이 깊을 경우에는 한 번의 대화로 그동안의 앙금이 풀리기는 어렵다. 아이들의 감정은 수시로 변화하기 때문에 어렵게 대화를 했다고 하더라도 돌아서면 또 싸울 수 있다. 처음에는 아이들과 갈등을 풀어 가는 횟수가 많아도 시간이 지날수록 그 횟수가 줄어들게 된다. 부모의 중재 없이 자기들끼리 중재하고 조절하는 능력이 생기게 된다.

이처럼 아이들이 갈등을 해결하는 경험을 갖게 되면, 성장해서 결혼이나 조직 생활에도 잘 적응을 할 수 있다.

5.
자녀의 마음을 읽는 대화

●

'엄마 사랑해'의 속뜻?

세상 모든 사람들의 말에는 숨은 뜻이 있다. 특히 아이들의 말은 더욱 그러하니 민감하게 잘 헤아려야 한다. 올해 여섯 살 된 딸의 양육자 사연이다. 이 아이는 사랑 고백을 너무 자주 해서 고민이다. 어느 날 딸은 장난감을 가지고 놀다가 갑자기 "엄마, 나 엄마 사랑해."라고 말하고 다시 장난감을 가지고 논다. 처음에는 그 모습이 사랑스럽고 귀여워서 "엄마도 딸을 사랑해."라고 말했다. 그 후로 사랑 고백이 조금씩 잦아지기 시작하여 지금은 30분에 한 번씩 "엄마, 나 엄마 사랑해."라고 말한다.

어쩔 때는 밥을 먹을 때도, 다른 친구들과 커피를 마실 때도 아이의 사랑 고백은 계속된다. 속 모르는 사람들은 "애기 엄마는 참 좋겠네."라고 생각할 수도 있지만 양육자는 전혀 기쁘지 않고 걱정스럽기만 하다.

부모는 당황스러워서 어찌할 바를 몰라 "조금 전에 사랑한다고 했잖아. 매번 이렇게 말하지 않아도 돼. 엄마는 너를 사랑하는 거 알지. 엄마도 너를 많이 사랑해. 엄마가 너를 많이 사랑하고 있어. 이제는 사랑한다는 말 안 해도 돼. 안 해도 다 알아."라고 말했지만 아무 소용이 없었다.

아이가 왜 자주 사랑 고백을 할까?

아이들의 모든 언어에는 숨은 다른 뜻이 있다. 이것은 마치 암호와 같은 언어이다. 그 암호와 같은 언어를 공감하고 이해하며, 아이의 필요와 결핍을 충족시켜 주는 지혜로운 양육자가 되어야 한다.

아이가 사랑 고백을 하는 진짜 이유는 뭘까?

한마디로 말하면 "불안"이다. 엄마가 나를 버릴까 불안해서 이를 확인하는 행동이다.

"엄마 사랑해."라는 말의 속뜻은 "엄마, 나 버리지 말아야 해. 난 엄마가 아무리 혼내도 엄마를 미워하지 않아. 난 엄마를 사랑하니까 나 버리면 안 돼."라고 신호를 보내는 처절한 몸부림이다.

아이가 엄마를 사랑한다는 사실을 엄마가 잊어버렸을까 봐 수시로 엄마에게 사랑한다는 사실을 확인시키는 것이다. 그럼 아이는 예전에는 안 그랬는데 왜 갑자기 사랑한다는 표현을 자주할까? 의구심이 든다. 최근에 이 아이의 집에 큰 변화나 문제가 있었을 것을 추측하고 접근해야 한다.

[사례] 자녀 암호 언어 해석

남편이 지방으로 발령이 날 예정이다. 남편은 주말부부 생활이 불편하니 집을 팔고 지방으로 이사를 가자는 것이다. 아내는 애들 교육이 있어 그럴 수가 없다고 한다. 이것 때문에 수시로 말다툼을 했다. 아이는 부모의 갈등이 불안하다.

특히 유아기나 초등학생 때는 모든 것이 자기 중심이다. 내가 밥을 안 먹어서 엄마 아빠는 싸운다고 생각한다. 버리지 말라고 애원하는 것이다. 엄마는 "어떤 일이 있어도 너를 버리지 않아."라고 말한다. "너는 엄마 뱃속에서 10개월 동안 있었단다."라고 말하면서 꼭 안아준다. 이러면 아이의 불안이 해소된다.

암호는 약자들이 많이 사용한다. 엄마와 자녀 관계에서는 자녀가, 아내와 남편 관계에서는 아내가, 교수와 제자 관계에서는 제자가 그렇다. 비교적 강자보다 약자가 약점을 감추려고 암호를 많이 쓴다.

여러분들은 의문을 제기할 수 있다. 아이는 그래도 "엄마, 나 버리지 마세요. 저, 엄마가 버릴까 봐 무서워요."라고 말하면 될 것을 왜 수시로 사랑 고백을 하여 자신과 엄마를 피곤하게 할까?

이것은 인간의 심리에서 나오는 자연스러운 표현이다. 인간은 상대와의 관계에서 약자의 입장이라고 인식될 때 생존 본능으로 약점을 감추려는 본능이 있다. 나의 두려운 마음을 들키면 상대가 나를 약자로 취급해 나를 그 조직에서 버릴 수 있다는 본능적인 두려움 때문에 자신의 약점을 감추고 싶어 한다.

자신이 겪는 두려움을 있는 그대로 드러내는 위험한 방법 대신 상대의 마음에 드는 말과 행동을 해서 버림받는 부담을 줄이는 방법을 선택하는 것이다. 이것은 부모와 자녀 관계뿐만 아니라 모든 인간관계에서 성립하는 공식과 같은 것이다.

부부 관계, 고부 관계, 학교에서 사제지간, 회사에서 상하 관계 등 모든 인간관계에는 이 공식이 성립된다. 같은 원리로 아내들의 대부분은 자신이 남편보다 약하다고 인식하고 본능적으로 자신의 속마음을 감추는 경향이 있다. 물론 반대일 수도 있다.

세상의 모든 부부들이 이런 패턴으로 대화를 하는 것은 아니지만, 아이가 엄마에게 끊임없이 사랑 고백을 하는 이유는 조금 입체적으로 이해할 수 있어야 한다. 우리가 아이의 속마음을 이해했다면 엄마는 아이에게 어떻게 말을 해줘야 우리 아이의 불안을 잠재울 수 있을까?

"아들아, 엄마는 어떤 일이 있어도 우리 아들을 버리지 않아. 엄마에게 가장 소중한 아들을 어떻게 버릴 수가 있어? 엄마는 우리 아들 없이는 살 수가 없어. 요즘 엄마, 아빠가 조금 힘든 일이 있어. 화도 내고 웃지도 않을 때가 많아. 우리 아들이 행복하지 않을 것 같아. 아들아 미안해. 엄마, 아빠는 무슨 일이 있어도 우리 아들을 버리지 않아. 세상이 망해도 우리 아들을 포기하거나 버리지 않아. 조금도 불안해 할 필요가 없어. 아들아, 사랑해."라고 말해 줌으로써 아들의 불안한 마음을 충분히 읽어 주는 공감을 해야 한다.

[사례] 아내의 암호 언어 해석

가끔은 아내들이 자신이 왜 마음이 상했는지 직접적으로 말을 해서 자신의 약점을 밝히는 부담스러운 방법 대신, 남편이 자신의 상한 마음을 알아주기를 기대한다. 점쟁이처럼 몰라주면 섭섭해 한다. 이 무거운 집안의 공기가 불편한 남편은 "왜 삐졌는데? 말을 해야 알지."라고 말하며 답답해한다. 그래도 아내는 자신의 마음을 알아주기를 원한다.

아내 : "왜 내가 삐졌다고 생각하는데?"

남편 : "말을 안 하는데 어떻게 알아?"

아내 : "그것도 몰라? 생각해 보면 몰라?"

남편은 머리가 지끈지끈 아프기 시작한다. 아내의 마음을 달래고 싶은 남편이 말한다.

"그래, 미안해 내가 다 잘못했어"라는 말을 한다.

남편은 본인이 뭘 잘못했는지까지 생각해야 하니 머리에 쥐가 나는 것 같다.

"모르겠어, 그런데 내가 다 잘못했어." 그러면 아내는 다시 말을 한다.

"당신은 그게 문제야. 뭘 잘못했는지도 모르면서 뭘 잘못했다는 거야. 그냥 위기를 모면하려고 마음에도 없는 소리를 한단 말이야. 이래서 우리 관계는 좋을 수가 없어."라고 하며 방으로 들어간다. 아내는 끝까지 자신의 생각을 말하지 않는다. 남편 입장에서는 더 답답하고 어찌할 바를 모른다.

[사례] 책상 위에 있는 과자 먹고 싶은 유치원생

유치원생이 선생님 책상 위에 있는 초코파이를 보고 말한다.

"선생님. 저것은 뭐예요?"

"저것은 초코파이지."

유치원생 말의 속뜻은 무엇일까? 유치원생은 정말 초코파이인지 몰라서 물어볼까? 아니다. 이 말을 속뜻은 "선생님, 저 초코파이 먹어도 돼요."라는 뜻이다. 선생님은 뭐라고 답을 해야 할까?

"저것은 초코파이야."라고 대답하면 될까?

아니다.

"네가 저 초코파이를 먹고 싶구나. 그런데 저 초코파이는 간식으로 먹을 거야. 조금 있다가 간식으로 같이 먹자."라고 말해 주어야 한다.

아이들이 유독 먹을 것에 관심을 두고 이런 대화를 많이 하는 경향이 있다. 어떤 양육자는 "아이가 저기 초코파이 있다."라고 하면 "먹고 싶으면 사 달라고 해야지. 저기 초코파이 있다가 뭐야?"라고 혼을 내고 사 주지 않는다고 했다.

아이는 그 후로 엄마에게 자신의 욕구를 이야기할 때 큰 용기가 필요하다.

아이는 무섭고 창피한 마음에 자신의 욕구를 숨기면서까지 욕구를 표현했는데 '엄마는 참 가혹하다. 냉정하다. 다시는 욕구를 말하지 않는다.'라는 생각이 들었을 것이다.

아이들이 자신의 욕구를 숨기고 딴청을 부리면서 이야기를 할 때 얄미울 때도 있지만, 아이들이 그렇게 말할 수밖에 없는 이유가 있다. 양육자들은 좀 더 유연한 태도로 아이와 소통해야 한다.

[사례] 뉴스 보고 불안한 아이

아이가 "엄마, 우리나라 고아가 몇 명이에요?"라고 물었을 때, 질문의 속뜻은 무엇일까?

"질문에 속뜻은 무엇일까?"

우리나라 고아가 몇 명인지 궁금해서 물어본 것일까?

눈치 없는 엄마는 "우리 아이가 벌써 사회 문제에 관심이 있구나." 하는 기특한 생각에 인터넷을 검색한다. 그러고는 "아들아 우리나라 고아 수는 몇 명이다."라고 답을 한다.

이 대답이 아이가 원하는 대답일까?

이 아이의 진짜 속뜻은 "엄마 나도 고아가 될 수 있어요?" 라는 불안을 표현한 말이다. 그럼 엄마는 어떻게 해야 할까?

엄마는 고아의 수를 알려줄 것이 아니고 불안한 마음을 읽어주어야 한다.

"아들아, 우리 아들도 고아가 될까 봐 두려움이 있구나. 엄마, 아빠는 절대 아들을 혼자 있게 하지 않아. 걱정하지 않아도 돼."

[사례] 부서진 장난감 보고 불안한 아이

친구 집에 놀러간 아이가 거실에 망가진 채 흐트러져 있는 장난감을 보고 엄마에게 말한다.

"엄마, 저기 장난감이 망가졌어요."

이 아이의 숨겨진 속뜻은 무엇일까?

이 아이는 망가진 장난감을 보고 불안을 느낀 것이다. 아이는 장난감을 갖고 놀다가 혼난 경험이 있다. 그래서 "저기 장난감이 망가졌어요."라고 말한 것이다. 이 말의 속뜻은 "엄마, 저 장난감을 망가뜨린 친구는 혼날 거예요."라고 말한 것이다.

엄마는 뭐라고 대답하는 것이 좋을까?

"장난감이 망가져 있네. 고칠 수 있으면 고쳐서 쓰면 돼. 장난감을 가지고 놀다 보면 망가뜨릴 수도 있어. 걱정하지 마." 라고 대답을 해준다.

[사례] 학교에서 반장을 해도 되겠냐고 묻는 17세 고등학생

암호와 같은 말은 비단 아이들만의 전유물이 아니다. 고등학교 학생의 이야기다.

학교에서 친구들이 반장을 하라고 하는데, 본인에게는 너무 버거운 일이고 공부도 해야 하기에 고민이 된다고 했다. 이럴 때 엄마는 어떻게 말해 주어야 할까?

"너에게 반장을 하라고 하는 것은 친구들이 능력이 있다고 해서 그럴 거야. 그러니까 두려워하지 않았으면 좋겠어. 하지만 선택은 네가 하는 거야. 엄마는 너의 선택을 존중해."라고 엄마가 말해 주었다. 그리고 1주일 후, 학생이 엄마에게 다가와 한숨을 쉬면서 "엄마, 저 반장을 할까요, 말까요?"라고 말한다.

이 말에 숨어 있는 속뜻은 무엇일까? 이 말은 반장을 하고 싶다는 것이다. 학생이 반장을 하지 않겠다고 마음을 먹었다면 아예 말이 없거나 아니면 안 하기로 했다고 했을 것이다. 그러면 하겠다고 결정을 했으면 반장을 하면 된다. 그런데 왜 굳이 "엄마한테 할까요, 말까요?"라고 물어 볼까?

"반장을 하고 싶은데 용기가 나지 않아요. 용기를 주세요. 이유를 말해 주세요."라는 속뜻이 숨어 있다.

[사례] 반지에 관심 많은 남자 아이

엄마 동창 모임 때 있었던 일이다. 그때 아이가 했던 행동이다.

"선생님, 우리 아이가 엄마 반지에 관심이 많아요. 제가 반지 하나를 새로 구입했는데 그게 예쁘다고 자기가 하겠다고 가지고 도망가는 거예요. 제가 애원하다시피 하며, 그거 돌려주면 안 돼? 하고 아이를 졸졸 따라다녔어요."

그 아이가 정말 반지에 관심이 많은 걸까?

그것은 아니다. 그럼 아이의 행동에는 어떤 속뜻이 숨어 있을까?

그날 모인 엄마들이 반지를 모두 착용하고 있었는데 엄마의 말대로라면 "아줌마, 이거 뭐예요? 이거 예뻐요."라고 하든지 관심을 보여야 한다. 그런데 그날 아이는 반지에 전혀 관심이 없었다. 이것은 아이가 반지에 관심이 있는 게 아니라는 것이다. 아이는 반지에 관심이 있는 것이 아니고 엄마의 사랑에 굶주린 아들이 엄마가 소중하게 생각하는 게 무엇인지를 잘 파악하고 있는 것이다. 무엇을 만져야 엄마가 반응을 하는지 아는 아이가 엄마의 관심을 끌기 위한 행동이다, 반지에 관심이 있는 것이 아니다. 엄마는 아이가 사랑을 느낄 수 있는 말이나 행동을 하면 아이의 행동은 자연스럽게 없어지게 된다.

하루아침에 아이의 마음을 시원하게 알 수 있는 것은 아니다. 공감하는 마음으로 아이의 입장에서 적극적으로 생각하는 훈련을 꾸준히 하다 보면, 어느 날 아이의 마음을 읽기 시작할 수 있다.

아이들이 부모와 주변의 지인들을 향해 던지는 암호 같은 말들에 대해 그 속뜻을 파악하고 그 아이들의 안정과 평안을 찾을 수 있도록 도와주어야 한다. 그럼 우리는 어떻게 해야 할까?

아이들이 왜 이런 말을 할까?

어떤 말을 듣고 싶을까?

그 아이들이 가려운 곳을 긁어 주면 된다. 아이가 울면서 "엄마, 친구가 나 때렸어."라고 말하는 아이는 왜 이 말을 할까? 무엇을 기대하고 이 말을 할까?

아이는 사실 "엄마, 나 억울하니까 내 편을 들어주고 위로해 줘."라고 말하고 있는 것이다.

아이의 말을 듣고 엄마는 "넌 맨날 맞고 다니니? 바보 같이 맞고만 있지 말고 친구가 때리면 너도 얼굴을 때려 버려. 알았어!"라고 하면서 화를 낸다. 이것은 아이가 듣고 싶은 말이 아니다. 우리는 아이가 듣고 싶은 이야기가 뭔지를 2초만 생각해도 그 마음을 알 수 있다. 아이의 마음을 읽는 가장 좋은 훈련은 궁금해하는 것이다.

6.

승부에 집착하는 아이

●

우리 주변에 승부욕이 강한 아이들을 쉽게 볼 수 있다. 승부욕이 강한 아이 때문에 고민이 이만저만이 아닌 부모가 있다. 다섯 살, 여섯 살 두 아들을 둔 엄마의 고민이다.

첫째 아들은 모든 면에서 발달이 빨랐다. 둘째 아들은 발달이 빠르다고 말할 수는 없지만 늘 잘 웃고 긍정적인 아이라서 귀여움을 독차지한다. 그런데 두 아들이 몇 달 전부터 영어 학원을 다니기 시작하면서 문제가 시작되었다.

영어 학원만 다녀오면 아이가 운다. 그래서 이유를 물어보니 영어 학원에서 게임을 하는데 자기가 매일 져서 운다는 것이다. "다음에 이기면 되지, 우리 아들 눈물 뚝!" 하면서 위로를 해주었다. 그때만 해도 이런 태도가 문제라고 생각하지 않았다.

문제는 영어 학원만 갔다 오면 매일 우는 게 일상이 되었다는 점이다. 매일 게임에 져서 우는 것이다. 그런데 어느 날부터 영어 학원을 다녀와도 더 이상 우는 일이 없었다. 엄마는 속으로 아이가 이제는 적응했다고 생각했다. 그래도 미심쩍은 부분이 있어 첫째에게 물어봤다.

"요즘 동생이 게임하면 잘 이기나 봐. 안 울더라."라고 말했더니, 첫째가 말했다.

"엄마, 아니야. 요즘 동생 게임 안 해. 게임 하면 맨날 진다고 하기 싫대."

그러면서 이렇게 덧붙였다.

"요즘은 게임 시간에 그냥 앉아서 친구들이 하는 것만 보고 있어."

속이 상한 엄마는 영어 학원 원장님과 통화를 했더니 원장님은 지금 적응해 가고 있는 과정이니 자신을 믿고 기다려 달라고 했다. 그래서 원장의 말을 믿고 기다려 보기로 했다.

그러던 차에 영어 학원에서 부모 참관 수업을 하는 날 일이 터졌다. 미션을 수행하는 수업을 했는데 둘째 아들이 속해 있는 팀이 미션에서 졌다.

그러자 둘째는 수업 도중에 갑자기 울기 시작했다. 선생님과 엄마가 달래 보았지만 쉽게 진정되지 않았다. 엄마는 선생님께 미안한 마음과 아이에 대한 걱정으로 진땀을 뺐다.

집에 돌아온 아이는 "영수 때문에 내가 진 거야. 영수 때려줄 거야."라고 말했다.

며칠 뒤, 영어 학원에서 가정통신문을 가져왔다. 반 대표를 친구들의 투표로 뽑는다는 내용이었다. 아이는 "엄마, 우리 반 대표 뽑는대. 난 꼭 대표가 될 거야."라고 말했다.

엄마는 걱정이 앞섰다. 혹시 대표가 되지 못하면 또다시 울고 떼를 쓰며 학원을 거부할까 봐, 벌써부터 마음이 무거워졌다.

원장님께 전화를 해서 반 대표를 꼭 뽑아야 하는 거냐고 했더니, 다행히 다른 학부모님들도 반대를 많이 해서 대표를 뽑는 일이 무산되었다고 한다. 그래도 엄마는 걱정이다.

이렇게 승부욕이 강한 아이를 어떻게 해야 할까?

승부욕은 본능

승부욕의 본능은 여자 아이보다 남자 아이에게서 더 많이 나타난다. 남자 아이들은 본능적으로 승부욕의 본능이 강하다. 나이가 어릴수록 승부욕에 집착하고 이것을 통해 자신의 존재감을 확인하려 들기 때문이다. 그래서 초등학교 3학년까지는 경쟁적인 운동이나 놀이는 가급적 자제하도록 권고하는 국가도 있다.

이유는 승부욕의 본능이 강한 시기는 신체 기능을 향상시키거나 스포츠맨십을 키우거나 협동심을 고양시키는 데 도움이 되지 않고 오히려 방해가 되기 때문이다.

경쟁 구도 피하기

유아기에서 9세까지는 가급적 승부를 가리는 경쟁 구도 상황을 만들지 않는 것이 좋다. 협동심을 저해하기 때문이다. 그보다는 연합하여 하는 놀이를 권하고 싶다. 실제로 사연 속 둘째 아이도 영어 학원을 다니기 전에는 아무 문제가 없던 아들이었다. 그 영어 학원은 게임을 많이 하는 것 같다.

그런 영어 학원을 다니면서 명확한 경쟁 구도에 자주 노출되고, 이 아이의 경쟁 상대는 같은 또래일 때도 있겠지만 때로는 언니나 오빠들과 경쟁해야 하는 상황에서 이 아이가 감당해야 하는 스트레스는 상당할 것이다. 그때 자존심이 상하게 되고, 그 상한 자존심이 숨겨져 있던 상대를 자극하게 된다. 이런 상황이 반복되다 보면 아이의 스트레스와 좌절감도 커질 것이다.

경기에서 승부욕에 몰두하는 시기이기 때문에 이 상황이 아이에게는 감당하기 힘든 스트레스다. 그 스트레스를 벗어나기 위해 반칙도 하고 무리해서라도 이기는 것에 집중하다 보니 건강하고 신사적인 스포츠맨십이 발휘되기 어려워진다. 운동을 통해서 얻게 되는 협동심과 즐거움은 기대하기 어렵게 되는 것이다. 이런 이유 때문에 초등학교 3학년까지는 경쟁적인 놀이 보다는 놀이 중심의 경기를 시키는 것이 좋다.

경쟁 부추기는 사회

우리 문화는 '이겼다, 졌다, 1등이다'와 같은 기준으로 꼴찌는 하찮게 여기는 문화가 존재한다. 자존감이 떨어진다. 이런 문화의 기준이 자리를 잡고 있다. 심지어 전 세계의 주목을 받고 있는 K-드라마에서 조차도 아주 강렬한 경쟁 구도가 드라마의 중심축이 되어서 이기는 사람은 살아서 거액의 돈을 손에 넣을 수 있다. 하지만 패배하는 사람은 가치조차 없는 죽음을 맞이하게 되는 내용의 드라마가 사람들의 영혼과 마음을 빼앗고 지배한다는 무서운 현상이 우리나라에서 두드러지게 나타나고 있다.

선진국은 우리와는 달리 아이들의 다양성을 존중하는 문화다. 경쟁에서 이기고 지는 것이 그다지 중요하지 않다.

[사례] 이겼을 때만 반응하는 양육자

양육자 자신을 한 번 점검해 볼 필요가 있다. 자녀의 경쟁 구도에서 자녀가 이겼다고 하면 기분이 좋아지고, 졌다고 하면 실망하는 모습을 보이는 것은 자녀에게 부담감을 가중시킨다.

영어를 80점 맞다가 100점 맞으면 어떻게 반응해야 할까?

"엄마도 이렇게 좋은데 너는 얼마나 좋니? 너는 10점 맞아도 괜찮아. 내 아들이니까." 이 아이는 자존감이 올라가고 더 공부를 하고 싶어 한다.

반대로 반응하는 경우도 많다.

"너희 반에서 100점은 몇 명이야? 다섯 명? 그럼 그렇지."

이 아이의 자존감은 바닥난다.

[사례] 186명 중 186등 아이

우리 아이는 고등학교 때 사회 과목을 186명 중에 186등을 한 적이 있다. "그냥 찍었니? 최선을 다했니?"라고 물었더니 최선을 다했다고 했다. 아이는 당당하게 아빠에게 성적표를 보여주었다. 이때 어떤 반응을 해야 할까?

"야, 1등이고 최고다. 앞에서 1등만이 1등이 아니고, 뒤에서 1등도 1등이다."

이러한 아빠의 말에 아이는 의외의 반응에 머쓱한 표정을 지었다. 아빠는 진심으로 한 말이었다. 아빠 자신도 50명 중에 48등을 한 경험이 있기 때문이다.

삶은 성공보다 과정이 중요하다. 성장 과정에 있는 아이들이 어떻게 성공할지 모르는데, 시작 단계에서 자존감을 떨어뜨리면 성장해서도 아무것도 할 수가 없다.

실제로 아이는 대학에 가지 않았음에도, 대학을 졸업하고 대기업에 다니는 친구들보다 연봉이 4~5배 더 높다.

성장 과정에 있는 아이는 무엇을 하든지 간에 믿어 주어야 하는 것이 부양자의 의무이자 책임이다.

양육 방법

공감능력 높이기

공감능력은 공감을 받아 본 친구들만이 할 수 있다. 일상에서 희로애락을 포함한 다양한 감정들을 존중하고, 있는 그대로 그 감정을 읽어 줄 때 공감능력이 성장한다.

승패가 분명한 경쟁 구도에서는 승자와 패자가 반드시 존재한다. 승자에게는 기쁨을 만끽할 수 있게 그 마음을 읽어 주고, 패자에게는 그 섭섭한 마음을 충분히 공감해 주어야 한다.

게임을 하다 보면 질 수도 있고 이길 수도 있다는 이치를 사전에 충분히 설명해 주어야 한다. 스스로 자신의 감정을 조절할 수 있게 해주어야 한다. 패한 친구들은 이긴 친구들이 기뻐할 때 그 모습이 자신을 약 올리는 것이라고 오해하고 트집을 잡는 경우도 있다. 공감 훈련이 필요한 이유다.

하기야 이긴 친구들이 이긴 기쁨을 패한 친구들을 상대로 약 올리는 방식으로 푸는 경우도 있을 수 있다. 이런 경우에도 패한 친구들의 마음이 어떨지 입장을 바꿔 생각하게 하고, 상대 친구들을 자극하는 행위는 옳지 않다는 것을 알게 하는 지도가 필요하다.

경쟁 공정하게

승패는 경쟁하는 사회생활을 하는 인간이라면 누구나 한 번 쯤은 겪을 수밖에 없는 보편적인 정서다. 중요한 가치는 공정성과 최선을 다하는 자세다. 이 두 가지를 전제로 이루어지는 경쟁과 승패는 인간의 성장 발달에 중요한 요소다.

둘째 아이가 경쟁에서 뒤처진다고 해서 첫째 아이에게 무조건적인 양보를 강요하거나 일부러 져 줄 것을 지시해서도 안 된다.

그러면 둘째 아이는 양보받는 것을 당연하게 여기게 되고, 자신에게 양보하지 않는 사람을 보면 불평과 원망을 할 수도 있다. 그리고 첫째 아이는 무조건 양보하는 사람이 될 수 있다.

충분한 상호작용

아이들을 대상으로 하는 집단 상담은 게임으로 풀어 가는 경우가 많다. 승패가 분명하게 드러나는 놀이는 가급적 피하는 것이 좋다. 부득이하게 그런 게임을 해야 하는 상황이라면 사전에 아이들에게 꼭 해 줄 말이 있다.

선생님이 한 가지 부탁하고 싶다.

"애들아, 지금부터 게임을 할 거야. 그런데 제일 중요한 것은 다치는 친구가 없어야 해. 그리기 위해서는 약속을 잘 지켜야 돼. 게임에서 이기려고 약속을 안 지키면 다치는 친구가 있을 수 있어. 그러면 더 이상 게임을 할 수가 없어. 게임은 재미있으려고 하는 거야. 게임을 해서 기분이 나쁘면 게임을 할 이유가 없어. 게임을 하다 보면 이길 수도 있고 질 수도 있어. 그런데 이겼다고 으쓱대고, 졌다고 속상해하면 선생님은 더 이상 게임을 진행할 수 없어. 꼭 이기고 싶었지만 지기도 한다. 그러면 기분이 나쁠 거야. 그러면 우리는 어떻게 하면 좋을까? 어떻게 하면 기분이 덜 나쁠까?"

이처럼 염려되는 상황을 충분히 이야기하고 나누며 자기만의 마음을 다스리는 방법을 찾아내게 하는 것이 중요하다. 게임을 할 때마다 충분히 상호 작용을 한 후에 시작하면, 승패로 인한 갈등을 어느 정

   당신은 지금, 자녀와 전쟁 중인가?

도 줄일 수 있다.

일관성 있는 양육

아무리 상호 작용에 대한 설명을 해도, 게임을 하다 보면 아이들이 아직 어리기 때문에 승패가 눈에 잘 보이지 않아 지적하기조차 애매한 반칙을 쓸 수 있다. 이럴 때 선생님은 갈등이 많다. 모두 지적하자니 피곤하고, 게임의 흐름을 방해하는 것 같아 그냥 넘어가자니 아이들의 반칙을 허용하는 인식이 생길까 봐 걱정이 된다.

해답은 일관성이다. 반칙의 순간을 보면 바로 짚어 주고, 매너 없는 행동에 대해서는 경고를 하는 것이 바람직하다.

최선을 다해 게임한 친구를 MVP로 선정

아이들과 게임을 할 때는 MVP를 위한 작은 선물을 준비해야 한다. MVP는 성숙한 스포츠맨십을 발휘한 친구에게 주는 상이다. 즐겁게 게임하는 친구, 이긴 친구를 진심으로 축하해 주는 친구, 게임 룰을 성실히 지키는 친구에게 그 행동을 칭찬해 준다.

그러면 아이들의 인식을 바꾸는 데 많은 기여를 하게 될 것이다. 마찬가지로 가정에서도 게임을 할 때 태도가 좋으면 칭찬을 해 주거나 작은 선물을 보상해 주면 좋다. 그러면 아이들은 "아, 저것이 제일 중요한 가치라는 것을 알게 된다."고 생각하게 된다. 갈등 상황에서 자신이 어떤 선택을 해야 하는지 조금씩 알아가게 된다. 이런 행동들이 자리를 잡으면 이기고 지는 것이 중요하지 않다.

부정적 감정 존중

그리고 중요한 것 중 하나는 누구나 패하면 기분이 나쁘다는 것이다. 성인들도 패하면 기분이 나쁘다. 하물며 아이들은 말할 것도 없다. 그런데 경쟁 구도를 만들고 승부에서 패한 아이에게 기분 나빠 한다고 나무라는 것도 모순이다.

부정적인 감정도 충분히 존중해 주고 공감해야 한다. 공감받은 아이들은 부정적인 감정을 빠르게 해소한다. 부정적 감정에서 자연스럽게 빠져나올 수 있다.

사연에서 둘째 아이는 게임을 할 때 그냥 앉아서 다른 친구들이 게임하는 모습을 지켜만 볼 수 있는 여유가 생겼다. 게임을 안 하는 것이 좋은 것이 아니라, 부정적인 감정으로부터 자신을 지키기 위해 무엇이라도 시도한다는 것도 나름대로 좋은 방법 중 하나이다.

아이가 나름대로 선택한 방법이기에 양육자는 그 방법이 마땅하지 않고 속이 상할 수 있지만, 아이의 선택은 존중되어야 한다. 이제 아이는 더 이상 경쟁을 피하지 않고 승패와 상관없이 즐길 수 있다. 여기에 정서적 지지까지 해 준다면 아이는 자기만의 방식으로 살아가는 방법을 찾게 될 것이다.

정서적으로 더 성숙해져 스트레스를 잘 다룰 줄 아는 회복탄력성이 발달할 것이다. 이렇게 성장한 아이들은 성인이 되었을 때 경쟁적 관계나 불편한 상황에서도 그 인격이 빛날 것이다. 어른임에도 불구하고 이러한 불편한 감정을 잘 소화하지 못해 과한 음주를 하거나, 험담을 하거나, 보복 행동을 보일 수 있다. 이러한 감정을 대하는 태도는 자녀에게 그대로 대물림될 수 있다.

 당신은 지금, 자녀와 전쟁 중인가?

4장.
부모 이혼과
아이의 불안

요즘 사회적으로 이혼이 큰 문제가 되고 있다. 내담자 중 50% 이상이 이혼을 준비 중이거나 이혼을 하고 있다. 이혼은 예나 지금이나 당사자는 물론 가족들에게도 마음의 상처를 남기게 된다.

이혼 문제를 어떻게 다룰 것인가?

이혼을 할 때 가장 염려되는 부분은 거의 비슷하다. 바로 우리 자녀들을 잘 키워야 하는 문제다. 우리 자녀들이 받을 상처와 아픔, 불이익을 생각하면 쉽게 결정을 내릴 수 없다.

아이들은 부모에게 숨구멍과 같다. 부모의 이혼과 외도는 아이에게는 너무나 중요한 문제다. 그렇다고 이혼을 하지 말라고 할 수는 없다.

부모의 이혼과 외도를 경험하는 자녀들을 연령별로 구분하여, 각 시기에 아이들이 겪는 고통과 아픔의 실제를 살펴보고, 그 아픔을 어떻게 도와주면 좋을지 알아본다.

1.
유아기와 초등 저학년

이 시기의 아동들은 자기중심적 사고가 강하여 자신과 분리를 못한다. 가정에서 일어나는 모든 문제의 원인이 자신에게서 일어난다고 생각한다. 부모의 이혼과 외도는 자신이 할 일을 하지 못하고, 부모님의 말을 잘 듣지 않고 친구랑 다투고, 거짓말을 하고 나쁜 행동을 해서 벌어진 일이라고 믿는 것이다.

부모의 갈등의 이유를 아이에게 설명하는 것이 중요하다. "너를 사랑하는 방법을 찾는 중이야."라고 말해 주어야 한다. 아이가 불안해하지 않게 해야 한다.

[사례] 아이 자신의 잘못으로 부모가 이혼

부모가 여덟 살 된 아이를 고아원에 두고 간 일이 있었다. 이곳이 고아원인지도 잘 모르고 부모님 손을 잡고 들어왔다가 혼자 남게 된 아이는 얼마나 충격적일까?

아이는 부모를 원망할까? 그 아이는 생각 외로 그렇지 않았다. 아이가 고아원에 적응하고 안정을 찾았을 때 아이에게 물었다.

"엄마가 너를 고아원에 버렸다는 사실을 알았을 때 어떤 생각을 했었니?"라고 물었다.

"어떻게 자식을 버릴 수 있어? 내 부모가 맞아? 내가 언젠가는 복수할 거다." 등과 같은 거친 말을 하지 않았다.

뜻밖의 대답이다. "말 좀 잘 들을 걸이라고 했다. 이제 다시 집으로 돌아가면 말 잘 들을 거예요."라고 말했다.

안타깝게도 아이의 바람과는 달리 부모와 함께 다시 집으로 돌아가기는 쉬운 일이 아니다.

아이들은 부모의 잘못을 보기 전, 모든 원인을 자기중심적으로 생각하게 된다. 이런 확신은 부부싸움에서도 똑같다. 엄마, 아빠가 싸우는 것이 자기 때문이라고 생각한다.

"엄마, 아빠가 싸우는 것은 절대 너 때문이 아니다."라고 아무리 말해 주어도, 그 죄책감은 쉽게 사라지거나 바뀌지 않는 것이 유아기다.

부모 자녀 사랑 VS 자녀 부모 사랑

어느 사랑이 더 클까?

대부분의 사람은 부모의 사랑이 더 크다고 생각한다. 하지만 반대다. 자녀의 부모 사랑이 더 크다. 부모의 폭력으로 죽음의 문턱까지 간 여섯 살 아이가 이웃의 신고로 부모의 품에서 벗어날 수 있었다.

부모는 구속되었고, 아이는 혼자 남게 되었다. 아이의 선택지는 두 가지밖에 없다. 하나는 시설로 가는 것이고, 다른 하나는 입양되는 것이었다.

아이는 어떤 선택을 했을까? 아이는 어떤 대답을 했을까?

아이의 대답은 우리 마음을 무너지게 한다.

"엄마한테 갈래요."

자녀의 부모 사랑은 우리가 생각하는 것보다 더 크고 깊다. 부모는 때에 따라 어린 자식을 버리기도 하지만, 어린 자식은 부모를 버리지 않는다. 부모의 불화는 자녀에게 죄책감을 갖게 한다. 죄책감은 다시 자신이 모든 문제의 원인이라는 왜곡된 신념을 갖게 한다. 이 신념이 열등감으로 자리 잡게 한다.

부모는 정말 잘 살아야 한다. 아이는 죄책감만으로도 견디기 힘든 고통을 겪게 된다. 여기에 더해 '우리 부모님이 나를 버리면 어떻게 하지?'라고 생각하며 감당하기 어려운 불안감에 휩싸이게 된다.

일반적으로 유아기부터 초등학교 저학년은 생존기에 속하는 시기이다. 생존기 아이들은 부모의 도움 없이는 스스로 생존할 수 없다고 생각하기 때문에, 부모는 하늘과 같은 존재이자 자신의 숨구멍을 쥐고 있는 존재로 여겨진다.

그래서 자신의 생존권을 쥐고 있는 부모의 눈치를 지나칠 정도로 살필 수밖에 없다. 부모의 기분이 어떠한지 눈치를 보게 되고, 가정의 공기에 민감하게 반응할 수밖에 없다. 이러한 가정 내 공기가 결국 자녀의 성품으로 이어지게 된다.

성장기 자녀의 필수 조건

성장기 자녀들에게 꼭 필요한 네 가지가 있다.
- 신체적 안전
- 정서적 안정
- 사랑
- 돌봄

불화가 심한 가정이나 이혼을 준비 중인 가정에서는 네 가지를 안정적으로 공급받기는 사실상 어렵다. 이 시기를 불안하게 보낸 아이들은 올바른 성품 형성에 큰 장애를 겪게 된다.

그럼 어떻게 해야 할까?

지금의 혼란을 숨기기 위해 연기를 한다거나, "너 때문에 헤어지지도 못하는 거야. 엄마도 힘들어 죽겠는데 너까지 왜 소리를 지르는 거야?" 등과 같은 말은 아이의 입장에서 보면 하늘이 무너지는 것과 같고, 불안과 초조함에 빠지게 만든다.

이 말은 비단 부모의 이혼·외도 가정에서만 해당되는 것이 아니라, 일반 가정에서도 부모들이 심기가 불편할 때 흔히 자녀들에게 생각 없이 내뱉는 말이기도 하다. 이 말이 자녀에게 주는 불안감, 죄책감, 두려움, 스트레스의 강도는 실로 무겁다.

이런 공포와 불안에 노출된 아이들을 어떻게 도와야 할까?

우리 모두가 고민해야 할 과제이다.

양육법

'현재 상황 설명'

아이들이 볼 때 '엄마, 아빠에게 뭔가 무서운 일이 있는 것 같긴 한데 설명을 해주지 않는다.'고 느낀다. 아이는 무슨 일인지 불안하기만 하다. 불안을 해소시켜 주어야 한다.

아이가 느끼는 불안감은 그대로 느껴진다. 예측이 어려운 상황에서 버려질 수 있다는 불안감이 아이의 마음을 병들게 만든다. 최대한 자세히 설명해서 아이가 이해가 되어 심리적 안정감을 갖도록 도와주어야 한다.

"엄마, 아빠는 너를 잘 키우기 위해서 다양한 방법을 찾고 있어. 엄마,

아빠가 한집에서 살지 않는 이유는 너를 사랑하지 않아서가 아니야. 너를 사랑하는 마음은 조금도 변하지 않고 있어. 엄마, 아빠는 너를 버리지 않아. 넌 걱정하지 않아도 돼. 아빠는 세상이 끝날 때까지 널 사랑해."

자녀를 향한 부모의 사랑은 아이가 확신을 가질 수 있게 해야 한다. 그러면 아이는 부모의 이혼을 조금 쉽게 이해하게 되고 불안이 상당 부분 줄어들 수 있다.

'스킨십은 자주'

깊은 포옹과 스킨십을 자주 해준다. 이혼 가정은 비상 상황이다. 아이들이 불안한 것은 당연한 것이다. 이런 이유로 스킨십을 자주하고, 가능하면 아이와 한 침대에서 함께 자는 것도 좋다. 염려 하는 부모도 있다.

"아이가 퇴행하면 어떻게 하죠?"

이것은 퇴행을 막기 위한 것이다. 걱정하지 않아도 된다. 아이의 허전한 마음이 채워지고 상처가 아물면, 본인이 알아서 원래의 생활로 되돌아간다.

'배우자 빈자리 대체물 준비'

배우자의 빈자리를 채울 만한 인형이나 반려동물을 아이 곁에 두어도 좋다. 할머니를 비롯한 아이와 마음을 따뜻하게 나눌 수 있는 가족의 도움을 받는 것도 하나의 방법이다.

'아이 불안 이해'

아이의 불안이나 두려움을 들어주고 이해해 준다. 아이들은 새로운 것을 두려워하는 심리를 극복하지 못하는 나이이기 때문에 분리 불안이 있다. 배우자의 빈자리는 아이의 공포가 크게 느껴진다. 부모가 아이의 두려움과 불안을 들어주고 공감해 주는 것만으로도 불안이 상당 부분 해소될 수 있다.

불안이나 틱 같은 이상 행동이 생길 수 있다. 이런 문제 행동은 양육자가 가슴으로 이해하고 아이의 마음을 공감만 해주어도 특별한 경우를 제외하고는 많이 좋아질 수 있다.

[사례] 아빠만 있고 엄마 없는 아이

아이들의 눈높이에 맞춰 말을 해주어야 한다. 아빠는 있는데 엄마는 없는 경우다. 엄마가 자녀를 출산하고 사라졌다. 아빠는 엄마를 찾아다닌다. 엄마는 다른 사람과 살고 있다. 화가 난 아빠는 엄마에게 폭력을 행사하여 법의 심판을 받고 세상에 나왔다. 엄마, 아빠는 어떤 상황에서도 아이를 버리지 않는다는 믿음을 줘야 한다.

유치원에 다니는 이 아이는 다른 아이들은 엄마, 아빠가 오는데, 자신은 엄마가 없다고 느낀다. 이 아이는 아무나 껴안는다. 아이는 자꾸 엄마를 찾는다.

엄마는 사정이 있어 외국에 나갔다. 너는 할머니와 아빠에게 준 선물이다. 아이는 정서적으로 불안하다. 할머니라고 해야 할 때 엄마라고 하는 경우가 있다. 엄마라고 할 때 할머니라고 하는 경우도 있다. 불안할 때는 할머니보다는 엄마라고 하는 것이 낫다. 어느 때는 할머니라고 했다가 어느 때는 엄마라고 하면 아이는 더 혼란스럽고 불안하다. 아이의 양육은 일관성이 있어야 한다.

우유를 줄 때도 일관성이 있어야 한다. 울 때마다 주거나, 시간을 맞추어 주는 것도 일관성이다.

 당신은 지금, 자녀와 전쟁 중인가?

●

부부 갈등

이혼은 최후의 수단이 되어야 한다. 이유는 이혼 가정의 모든 자녀들이 그런 것은 아니지만, 부모의 이혼은 자녀들에게 상상할 수 없는 아픔과 상처를 남기고, 감당하기 어려운 현실에 현실에 마주하게 되기 때문이다.

[사례] 젊은 아이 아빠의 상처

30대 젊은 아빠의 사연이다. 결혼과 이혼 그리고 재판까지 해야 하는 이중고를 겪는 사례이다. 여섯 살, 다섯 살 두 아이를 기르고 있었다.

이 부부의 이혼은 소통하는 법을 몰라 서로에게 내뱉는 모든 말이 칼이 되고 독이 되었다. 상처를 회복하는 법을 몰라 서로에게 칼날로 복수하기 위해 일을 벌이다 결국 재판까지 가게 된 사례이다. 서로가 오만정이 떨어져 이혼을 결심하게 되었고, 이혼 후 자녀의 상처를 줄이기 위해 어떻게 해야 될지 몰라 도움을 받고 싶은 것이다.

본인과 배우자 모두 이혼 가정에서 성장을 하였고, 부모의 이혼으로 상처, 아픔을 받아 왔기에 자신은 죽어도 이혼을 하지 않겠다고 맹세를 했지만, 결국 이렇게 되었다고 탄식을 한다. 지금이라도 부부의 상처를 회복할 기회는 있다. 하지만 지친 남편은 "너무 늦었습니다."라고 말했다. 이러한 안타까운 사연들은 주위에서 흔하게 많이 본다.

부부 갈등은 당연

부부의 갈등이 나만 겪는 것이 아니라는 사실을 먼저 인지해야 한다. 갈등을 수치스럽게 여겨서는 안 된다. 갈등을 덮고 감추는 사이에 골든타임을 놓칠 수도 있다. 참고 참다가 버틸 힘이 없을 때 모든 것을 놓아버리는 경우가 많다.

부부들은 상담실에 아무도 없는데도 누가 들을까 봐 주위를 살피고, 숨죽여 고통을 삭히기도 한다. 누구나 부부의 갈등을 경험한다. 아프고 괴로운 과정을 거치면서 문제를 해결하고 더욱 성숙해지는 것이다.

숨길 일이 아니고 위로와 보호

갈등은 쉬쉬할 것이 아니라 도움과 위로를 받고 보호를 받아야 한다. 적극적으로 상담도 받고, 가족들에게도 알리고 주변 지인들의 도움도 받아야 한다. 우리 부부 문제를 좀 더 객관적으로 알기 위해 적극적이고 다양한 시도를 해야 한다.

사춘기 자녀의 심리적 갈등

사춘기는 주변의 눈초리에 예민한 시기다. 이혼 부부들도 "어쩌다가 내가 이렇게 됐는지 모르겠다."라고 하면서 지금 상황이 너무 힘들다고 느낀다. 마찬가지로 사춘기 자녀들이 겪게 되는 심리적 어려움도 많다.

'두려움과 불안'

무언가 가정에서 일이 벌어지고 있다는 두려움, 불안, 슬픔 등을 경험하게 된다. 이혼과 함께 깊은 애도 반응이 일어난다. 부모의 죽음을 받아들여야 하는 것과 같은 슬픔이다. 사춘기 자녀가 감당하기에는 정말 어려운 아픔이다.

'걱정과 분노'

이혼 가정의 자녀는 걱정과 분노와 함께 부모의 이혼이 자신으로 인해 일어났다는 죄책감을 갖게 된다.

'두려움을 떨치기 위한 일탈 행위'

힘든 것을 견디다 못해 폭력적이고 반항적으로 변하며, 도벽, 지각, 결석, 가출과 같은 문제 행동도 일으키게 한다. 사춘기 아이는 부모의 이혼이 자신의 문제로 생긴 것이라고 생각하고 심한 죄책감을 느낀다.

'효도와 갈등'

아이들은 한 부모 가정이라서 겪게 되는 수모, 우리 가정을 파탄으로 몰고 간 유책 부모를 어떤 마음으로 대해야 할지, 그 부모를 사랑하는 마음을 어떻게 처리해야 할지 몰라서 오는 효도에 대한 갈등을 겪게 된다. 그 부모를 계속 그리워하는 마음과 동시에 용서할 수 없는 증오의 마음, 이 양극단 감정의 혼란을 온몸으로 견뎌야 한다.

'낯선 가족의 적응 어려움'

이혼 후 변화된 낯선 가족의 형태에 익숙해져야 하는 두려움이 아이들을 힘들게 한다.

'재결합의 막연한 환상'

모든 문제를 한 번에 해결할 수 있는 드라마틱한 반전을 늘 꿈꾼다. 부모의 재결합에 대한 환상을 갖는다.

'조숙한 아이'

아이의 절박함과 괴로움과는 달리 달라지지 않는 현실에 직면하면서 분노, 적대감, 배신감, 우울함을 경험하게 된다. 이 모든 것들이 아이들이 겪게 되는 심리적 갈등이다.

내가 아무리 노력을 해도 현실은 냉담하다. 아이들은 기대와 실망이 반복되다 보니 모든 것을 해탈하는 데 이른다. 우울함, 슬픔, 외로움에 시달리다가 결국 부정적인 감정이 고착되는 상태가 된다. 이런 복잡하고 다양한 과정을 거치면서 아이들이 가지게 되는 것은 지나치게 눈치를 보는 조숙함이다.

양육법

마음에 상처로 피를 흘리고 있는 아이를 어떻게 도울 것인가?

'현재 상황 설명'

부모의 이혼은 힘들고 아프다. 이 이혼은 우리 가족 모두가 안정되고 행복하게 살기 위한 선택이다. 엄마와 아빠는 더 이상 같이 할 수 있는 상황이 아님을 잘 설명해 주어야 한다.

'부모의 사랑 확인'

"엄마, 아빠의 이혼은 엄마, 아빠의 관계다. 엄마와 너의 관계, 아빠와 너의 관계는 변화가 없다. 아빠는 어떠한 경우라도 너를 사랑하는 마음은 변치 않는다. 네가 엄마나 아빠가 보고 싶으면 만날 수 있고, 통화도 할 수 있다."

이런 설명을 하면 아이가 감정 소모를 하는 데 많은 도움이 된다.

'자녀의 일탈 존중과 지나친 사과는 금물'

"네 아빠 때문에 힘들어 죽겠다. 너까지 왜 이래?"라고 말하면 아이는 죽고 싶을 정도 괴롭다.

벼랑으로 내몰지 마라. 반대로 미안한 마음에 아이를 볼 때 마다 "미안하다."라고 말하면서 눈물을 보이는 행동도 금물이다. 두 경우 모두 아이가 안정을 찾는 데 방해가 된다.

'자녀 공감하기'

아이가 겪고 있는 심리적 갈등을 마음으로 들어주고 이해하는 것만으로도 아이들이 어려움을 극복하는 데 힘이 된다.

'자녀 혼란 수습 필요'

부모는 세상이 끝난 듯 싸우면서 아이에게는 자기 할 일 잘하라고 요구하는 것은 말도 안 된다. 아이가 혼란을 겪고 있는 상황에서 해소할 수단이 필요하다. 걱정스러운 행동을 보여도 마음이 정리가 되고 안정을 찾으면 특별한 경우를 제외하고는 자연스럽게 없어지니 염려하지 않아도 된다.

'이혼 중 양육 필요'

마음의 여유를 가지고 아이의 문제 행동이 타당하다고 생각할 때 그런 행동을 할 수 밖에 없는 그 마음을 최선을 다해 들어주어야 한다.

마음의 여유를 가지고 아이의 문제 행동이 타당하다고 생각될 때, 그런 행동을 할 수밖에 없는 그 마음을 최선을 다해 들어주어야 한다. 무조건적인 허용이나 수용은 흡연, 음주, 불건전한 이성 교제, 가출, 학교 폭력 등과 같은 일탈의 명분을 줄 수 있다. 부모는 아이의 아픈 마음을 어루만져 주어야 하지만, 어떤 경우라도 "안 되는 것은 안 되는 것이다."라고 일관된 양육 태도를 가져야 한다.

아이들은 고비를 넘기면 된다. 압력밥솥처럼 터진다. 아이의 압력은 시간이 지나면서 빠져나간다. 좀 더 객관적으로 볼 수 있어야 한다. 이 사건과 나를 분리시킬 수 있어야 한다.

아무리 힘들어도 "너 때문에 헤어지지 못한다."는 말은 절대금물이다. 아이들은 고마워하지 않는다.

아이는 "무엇이 미안한테? 왜 이혼했어?"라고 질문을 던질 수 있다. 그때 뭐라고 대답할 것인가? 혼란만 가중 시킬 뿐이다.

3.
고등학생과 청년기

●

고등학생 자녀들은 감정적으로 어느 정도 안정된 시기라 할 수 있다. 물론 부모의 이혼, 외도가 혼란스럽지 않고 안정적으로 받아들일 수 있다는 것은 아니다. 부모를 향한 원망이나 반항의 마음이 사라진 것도 아니다. 이 시기는 부모의 아픔과 어려움을 자신과 분리시켜 어느 정도는 이성적으로 받아들일 수 있다는 의미다. 또한 어린 자녀로 대하는 것이 아니라 어른 대우를 해주면서 부모의 처지와 감정을 진솔한 대화를 나누고 이해를 구해야 한다.

입시 고등학생 자녀

'이혼으로 인한 혼란 최소화'

고등학생들은 입시라는 큰 산을 넘어야 한다. 이때는 아이가 시험을 다 치루기 전까지는 가급적 가정의 문제와 사건을 모르게 하는 것이 바람직하다. 학교 선생님에게 부탁해서 과제나 할 일을 더 주어서라도 마음을 다른 곳에 뺏기지 않고 공부에 집중하도록 해야 한다.

어떤 사람은 이혼 준비 중에 아이를 기숙사에 넣는 경우가 있고, 외국에 어학 연수를 보내는 경우도 있다. 그 기간 내에 갈등과 혼란의 시간을 다 해결한 후에 아이가 돌아올 쯤에는 평온한 마음으로 아이를 맞이할 수 있었다는 부모도 있다. 이것은 특별한 경우이긴 하지만, 가급적 부모의 이혼으로 인한 혼란을 최소화하는 것이 올바른 양육법이라고 할 수 있다.

'자녀 반응 관찰'

가정 문제가 자녀에게 노출되었을 때 어떻게 할 것인가?

고등학생은 어른에 가깝다고 생각하기 때문에 자신의 감정을 잘 드러내지 않고 삭히거나 혼자 해결하려는 경우가 많다.

부모를 대하는 반응이 평소와 다른지. 과거에는 하지 않던 대화를 하려고 하는지 세심하게 관찰해야 한다.

'현재 상황 설명'

우리 가정에 어떤 일이 벌어지고 있는지, 부모님은 어떤 생각과 감정을 가지고 있는지, 이 일이 어떤 방향으로 흘러가고 있는지, 엄마, 아빠는 어떤 노력을 하고 있는지, 자녀의 생각과 감정을 나눌 수 있는 솔직한 대화가 있어야 한다.

유아기보다 중요하다. 아빠가 왜 안 계시는지 지금 당장 이야기해야 한다. 아이들은 이 상황을 몰라서 불안하고 답답하다. 그 불안한 마음을 달래기 위해 문제 행동을 한다. 유아기 단계에서는 위로, 공감, 미안한 마음을 전달했다면, 고등학생은 그런 식으로 대하면 안 된다. 성인으로 대하고 상의해야 한다.

"잘 지내줘서 고맙다. 엄마한테 필요한 것이 있으면 말해 줘. 힘들 때 말해 줘. 엄마는 힘들어도 괜찮아. 말해 줘서 고맙다."라고 진솔하

 당신은 지금, 자녀와 전쟁 중인가?

게 말해야 한다.

'부모 사랑 확인'

무엇보다도 중요한 것은 힘든 상황과는 별개로 자녀를 향한 부모의 사랑은 변함이 없다는 것을 확인시켜 주어야 한다. 엄마, 아빠의 도움이 필요하면 언제든지 연락하라고 말해 주는 것이 좋다.

이혼 가정 성공 자녀 많음

부모의 이혼이 자녀에게 충격을 주는 것은 사실이지만, 이혼 가정에서 성장한 모든 아이들에게서 정서적 문제가 발생하는 것은 아니다.

전문가 도움

자녀의 마음을 잘 살피고 그에 합당한 도움을 주는 것이 제일 좋지만, 사실상 부모가 마음의 여유가 없거나 너무 지쳐 있어서 자녀를 돌볼 수 있는 상태가 아니다. 자녀의 상태가 많이 걱정스러운 상황이라면 꼭 전문가의 도움을 받아야 한다.

아이들이 엄마 손에 이끌려 상담 받으러 오면서 무엇인가 한 가지 걸고 오는 경우가 많다. 그것이 싫으면 엄마가 전문가가 되면 된다. 엄마가 자신에게 관심을 갖고 건강해지면 아이들은 엄마의 영향력 안에 있어서 자동적으로 좋아진다.

힘든 것은 부모 자신

부모가 이혼을 하게 되면 고등학생뿐만 아니라 모든 자녀들이 힘들어 하는 것은 사실이다. 하지만 꼭 기억을 해야 될 것은 이혼으로 가장 힘든 사람은 부모 자신이라는 것이다. 자신의 아픔을 돌보지 않고 자녀와 주변에만 신경을 쓰다가 몸과 마음이 신호를 보내도 무시하거나 방치하는 경우가 많다. 어느 순간 손을 쓸 수 없을 만큼 망가져 버리게 된다.

자신을 챙기지 못하다가 동력이 바닥이 난 다음에 상담소를 찾는 경우가 많다. 항상 자기 마음을 챙겨야 한다. 다른 사람을 챙기다가 내 몸이 아픈 경우가 많다. 어떤 상황에서도 내 욕구를 최우선으로 해야 한다. 세상은 내 위주로 돌아가야 한다. 내 욕구도 중요하고 상대 욕구도 중요하다. 서로 욕구가 다르면 어떻게 해야 할까? 상대 욕구는 무시하고 내 욕구만 챙기면 더 큰 갈등이 생긴다.

내 마음 살피기

'내 감정 파악하기'

오늘 어땠어. 내 마음의 감정 보자기를 열어야 한다. 화가 나고 속상했어. 이럴 때는 분노와 배신감이라는 에너지가 나를 때린다. 내가 한 말은 70% 기억한다. 다양한 감정을 다 꺼내고 나면 객관적으로 보인다. 내가 화가 날 때 내 감정을 알아차리게 된다. 분노와 사건이 분리하는 것이 가장 힘들다. 감정이 처음에는 두세 개 나오다가 시간이 지나면서 수십 개까지 감정이 나온다. 이때 '그동안 힘들었지' 하고 나 자신에게 위로와 공감을 해준다.

'아픈 것으로 인한 좌절'

부모님의 사랑, 돌봄, 정서적 안정, 신체적 안정을 받지 못한 것이다.

'따뜻한 순간 떠올리기'

엄마로부터 받은 따뜻한 시절도 분명 있다. 어린 시절 엄마 등에 업혀 다닐 때도 많았다.

'나 위해 할 일과 말'

아들을 행복하게 해주고 싶다. 나도 행복하고 싶다. 나 자신을 위로하고 격려한다. 쉬고 싶다.

'행동 옮기기'

떠올리기만 하면 안 된다. 취미 생활도 한다. 위로와 인정을 받는 기분이다.

회복탄력성 높이기

내가 책임져야 할 우리 가족을 위해 깊이 생각하고 과감하게 행동으로 옮겨야 한다. 나에게 적절한 위로와 보상을 하면서 자신을 살필 때 아픔을 딛고 일어날 수 있다. 회복탄력성이 높아진다.

현실은 꼭 원하는 대로 이루어지는 것이 아니기 때문에 회복탄력성은 무엇보다 중요하다.

행동을 할 때 더 빨리 회복된다. 나는 내 편을 들어야 한다. 피해자일 때도 "너 속상했지. 나도 속상했어."라고 자신을 위로해야 한다.

나는 가장 강력한 내 편

나는 어떠한 경우라도 항상 내 편이 되어야 한다. 남의 편을 들면 안 된다. 내 욕구를 먼저 챙기고 그 다음에 상대의 욕구를 챙기는 것이다.

'아이를 위해 이혼을 참는 것은 금물'

내가 만나본 고등학생은 부모가 이혼을 했다. 이 친구의 부모는 항상 "너 때문에 참고 사는 거니까 네가 잘해야 한다." 라는 강요를 한다. 안 그래도 힘든 마음에 더 큰 부담의 스트레스였고, 매일 세상이 끝날 듯 싸우는 부모의 모습과 억울해 하며 우는 모습이 원인이 되었다. 학생은 "제발 우리 부모님 이혼하면 좋겠어요."라고 말할 정도였다.

자녀가 고등학생이라서 관계에 대한 이해는 부족할 수 있지만, 감정적으로는 더 예민할 수 있다. 부모는 어떠한 경우에도 이혼을 아이로 인해 참는다는 말을 하면 안 된다. 그 말이 아이에게는 또 하나의 상처가 된다. 자녀가 자신을 위해 참아 달라고 요청을 해도 이런 책임 전가는 바람직하지 않다.

하지만 부모가 이런 말을 할 때는 아이가 자신의 요청을 철회하고 싶어질 것이다. "너 때문에 내가 참고 사니까 네가 잘해야 한다."라는 말을 들은 아이가 자기 할 일을 잘하고 어린 시절을 보내며 행복하게 성장했다는 사례는 거의 없다.

부모가 귀감이 되어, 힘들고 가난한 상황 속에서도 자녀를 위해 헌신해 준 것을 감사해 하는 경우는 많이 보아 왔다. 그러나 '나 때문에 이혼 안 하고 참고 살아줘서 감사하다'는 이야기는 들어 본 적이 없다.

부모의 이혼이 자녀 삶의 기준이 되는 것은 아니다.

부모의 선택, 자녀의 이해

이혼을 선택한 이후 부모가 행복하게 살아가는 모습을 보이면, 자녀들도 기존의 마음을 바꿔 "이것이 현명한 선택이었구나."라고 여기며 부모의 선택을 지지하게 된다.

자녀 독립된 감정 존중

모든 부모는 안정된 환경에서 자녀를 양육하고 싶어 하는 마음이 같을 것이다, 자녀를 부속물로 여겨 자신의 감정 쓰레기통으로 생각하지 말고, 자녀의 감정을 독립된 것으로 존중해야 한다. 그래야 부모의 이혼이나 외도는 더 이상 자녀의 인생에 더 이상 큰 걸림돌이나 상처로 남지 않는다.

4.

이혼 가정의 성인기 마음

●

성인 자녀들이 부모의 이혼과 외도를 바라보는 시선과 정말로 원하는 것이 무엇인지 알아본다. 이혼 가정의 성인 자녀들은 많은 두려움과 혼란, 의심, 억울함과 부당함을 호소하고 있다. 이들은 각각 부모의 이혼 시기와 이혼 사유도 다르지만, 이들의 공통점은 염려, 의심, 죄책감, 피해의식이다.

이혼 가정의 성인 자녀들에게는 가장 크게 염려되는 부분이 있다. 이들이 세상과 맞닿을 때 어떻게 살아갈 것인가 하는 문제다. 또한 이들에게는 공통적으로 공감되는 지점이 있다.

누구를 믿을 수 있을까?

사랑을 할 수 있을까?

결혼을 할 수 있을까?

결혼을 해도 잘 견딜 수 있을까?

불행이 대물림될까?

세상의 편견을 어떻게 해야 할까?

이혼 가정의 성인들은 이런 복잡한 생각들을 마음에 품고 살아간다.

부당한 편견들

쟤는 엄마, 아빠 없어서 그래

이들이 느끼는 편견과 부당함은 무엇일까. 가장 흔한 말은 "쟤는 엄마가 없어서 그래. 쟤는 아빠가 없어서 그래."라는 식의 단정이다. 이 말은 결국 아이 스스로의 생각으로 굳어진다. "엄마가 없어서, 아빠가 없어서."라는 이유를 반복하며, '나는 성공할 수 없어. 나는 불행해.'라고 믿게 된다. 그렇게 자신을 스스로 불행의 틀 안에 가두게 된다.

하지만 사실은 다르다. 엄마 아빠가 있어도 잘하지 못한 사람은 많다. 정말 잘 자란 사람들도 많다. 문제는 환경이 아니라, 그 환경을 해석하는 방식이다.

이혼 가정 자녀 거리두기

친구들도 내 가정 이야기를 하다가 사실은 우리 부모님이 이혼했다고 하면, 그 친구들은 갑자기 눈빛이 변한다. 거리를 두면서 조심해야 하는 사람으로 대하는 게 너무 이해가 되지 않는다.

피해의식과 남 탓

이혼 가정의 자녀들 입에서 나오는 공통적인 것이 피해의식이다. 그래서 남 탓을 많이 한다고 한다. 엄마 탓, 아빠 탓을 하게 된다. "참고 살아보지, 왜 못 참고 이혼해서 나를 비참하게 만드는 거야."라고 하는 경우가 많다. 이것이 습관화 되어 할머니 탓, 친구 탓, 사회 탓, 상사 탓 등 모든 일에 끊임없이 남 탓을 하게 된다.

이렇게 내 마음이 흔들릴 때는 나를 위로해 주고, 내 가슴이 원하는 것이 무엇인가를 물어봐 주어야 한다.

잊지 못할 사건들

이혼 가정의 자녀들이 부모의 이혼, 그 이후의 힘든 삶을 경험하면서 지금도 잊히지 않는 일들을 기억하고 있다.

[사례] 부모의 이혼 경험

스물두 살 내담자의 사연이다. 자신의 부모님은 거의 매일 싸웠는데, 그날도 "그냥 싸우나 보다."라고 생각했다. 그런데 그날은 평소와는 다르다는 느낌이 들었다. 엄마가 큰 가방을 들고 나오더니 이제는 더 이상 함께 살 수 없다며 이혼을 선언했다. 그 길로 엄마는 집을 떠났고, 결국 이혼에 이르렀다.

[사례] 버림받은 자녀의 경험

현재 25세인 여성의 사연이다. 이 여성은 자신이 열한 살 때 엄마가 자신과 오빠를 백화점에 데리고 가서 사고 싶은 것을 다 사라고 했던 일을 기억한다. 자신과 오빠는 신이 나서 여러 가지 물건을 다 샀다고 한다. 그런데 그날이 엄마를 본 마지막 날이었다.

그 다음날 엄마는 아무 말도 없이 떠나버렸기에 이 여성은 그리움을 견디며 살아가야 했다. 자나 깨나 엄마를 보고 싶었지만, 엄마가 어디에 있는지도 몰라 연락할 길이 없었다. 당시에는 너무 어린 나이라서 할 수 있는 것은 아무 것도 없었고 그저 참고 견뎌야만 했다.

그로부터 12년이 지난 어느 날, 오빠가 "너 엄마 한 번 만나 볼래?"

라고 했다. 그 여성은 그 말을 듣는 순간 분노와 배신감을 느꼈다. 오빠는 계속해서 엄마랑 연락을 하고 있었던 것이다. 엄마가 오빠에게 동생한테는 엄마의 연락처를 알려 주지 말라고 당부한 것이다.

"내가 엄마를 얼마나 그리워했는지 오빠는 알면서 나에게 어떻게 이럴 수가 있어? 그리고 어린 자식에게 미안하지도 않았나?"

너무 큰 분노와 배신감 때문에 그 순간의 일을 잘 기억하지 못한다고 했다. 그 이후 여성은 우울증과 불면증으로 나날을 보내야 했고, 극심한 스트레스에 시달렸다고 한다.

나중에 엄마가 만나자고 연락해 왔지만, 이 여성은 거절했다. 이 여성의 분노가 고스란히 우리에게 전해졌다.

이 여성은 천만 다행으로 다정한 남자 친구를 만나 그 친구의 따뜻한 보살핌에 지금은 안정을 찾고 건강하게 살아가고 있다.

사례를 통해서 이혼 가정 여성의 분노가 이해되는가?

여성의 분노는 자신이 부모나 가족으로부터 존중받지 못한 것에 대한 분노와 배신감이다.

누구나 이혼은 할 수 있다. 하지만 이혼을 할 경우, 왜 이혼을 하게 되었는지 자녀의 연령에 맞게 납득할 수 있게 설명을 하고 이해를 구해야 한다. 이혼을 한 후에 재결합을 할 수도 있다. 이때도 자녀의 의사를 물어야 한다. 자녀가 반대하면 재결합을 포기하든지 아니면 자녀가 이 상황을 이해할 때까지 기다려야 한다.

부모의 이혼은 내 이혼이 아니다. 부모의 삶과 내 삶은 별개의 것이다. 부모의 이혼을 내가 책임질 일이 아니다. 이런 의미에서 요즘 대부분의 여성들이 지금은 부모를 사람 대 사람으로 이해할 수 있으니 자

녀들 걱정은 그만하고 자신의 행복을 위해 살았으면 좋겠다고 하는
경우가 많다.

'엄마 미안해하지 마세요'

한 여성은 자식 앞에서 늘 죄인이 되는 부모를 보며 미안해하지 말라
고 말한다. 이제 미안해하지 말고 엄마가 잘 살았으면 좋겠다고 했다.
"우리는 잘 살고 있어. 걱정하지 않아도 돼."라는 말을 하고 싶다고 했다.

자녀에게 남기고 싶은 말

'부모의 이혼은 자녀의 흠이 아니다'

부모의 이혼으로 힘들어 하는 자녀들에게 남기는 말이 있다.

"힘들 때도 있었지만 고마운 때도 있었다. 과거를 왜 이렇게 힘들게
살았을까? 왜 모든 짐을 떠안으려 했을까? 난 불쌍한 사람일까? 모든
것이 내 탓일까? 내가 태어나서 우리 집이 불행인가? 이런 생각을 자
주 했다. 하지만 부모의 이혼이 결코 자녀의 흠이 될 수 없다. 당당하
게 살았으면 좋겠다."

'부모와 내 삶은 별개'

부모의 이혼으로 자신은 연애도 결혼도 못할 것이라고 생각하는 경
우가 많다. 하지만 내 삶은 부모의 삶과는 전혀 다르다는 것을 기억하
고 살아갔으면 좋겠다.

5장.
아이의 행동 뒤에 숨은 불안

1.

욕 뒤에 숨은 불안

●

부모에게 욕하는 아이가 너무 많다. 쉬쉬해서 드러나지 않을 뿐이다. 과거에도 있었지만 요즘 들어 왜 이렇게 많을까?

중학교 2학년 남학생의 사연이다. 가족 구성원은 부모와 본인, 여동생으로 네 명이다.

이 가족에게 가장 큰 문제는 아빠와 아들 사이가 너무 좋지 않은 것이다. 아들이 어릴 때부터 예민하고 성격이 강한 편이다. 그런데 이 아들이 사춘기에 접어들면서 아빠와 갈등이 시작되어 최근에는 심각할 정도라고 했다.

아들이 늦게 귀가하고 스마트폰을 오랜 시간 사용한다거나 돈 씀씀이가 헤퍼질 때면 아빠는 "나이 어린 녀석이 벌써부터 돈을 많이 쓴다."라고 욕을 하고, 늦게 귀가 하는 날에는 "너랑 같이 노는 애들 이름 말해. 너 스마트폰 가져와, 당장 패턴 풀어."라고 하면서 아이를 궁지로 몰고 간다고 했다.

문제는 이 아들도 기질이 만만치 않다는 것이다. 아빠가 이렇게 강압적으로 나오면 아들도 한 치의 물러섬 없이 맞선다고 했다. 그러다가 서로 감정이 격해져 험악한 분위기까지 가기도 한다. 한 사람도 물러서지 않으니 엄마는 가시방석 속에서 살아간다고 했다.

이런 부딪침을 겪고 나면 항상 상처를 입는 쪽은 아들이라고 했다. 엄마는 아들을 달래주기 위해 맛있는 것도 사 주고 쇼핑도 함께 하는 등 노력을 하게 된다. 그럼에도 아들은 엄마의 마음을 몰라주고 너무나 버릇이 없다고 했다.

이런 아들의 태도가 마음에 안 들어도 "애는 나름 얼마나 힘들었으면 저럴까." 싶고 "엄마까지 야단을 치면 애는 어떡해?" 하는 생각이 들어서 참고 넘어간다고 했다. 엄마의 이런 노력에도 아빠와 아들의 갈등은 더 깊어져 간다고 했다.

아들은 아빠가 야단을 치면 악착같이 반항하고 대든다고 했다. 그러면 아빠는 더 강하게 아들을 꺾으려 하고, 아들은 더 강하게 대드는 악순환이 반복되고 있다고 했다. 엄마가 아들의 행동이 걱정스러워서 아빠에게 의논하려고 하면, 남편은 "내 앞에서 그 녀석 말도 꺼내지 마!" 하고 아예 아들 이야기를 꺼내지도 못하게 한다고 했다.

그런데 엄마의 진짜 놀라운 고민은 다른 데 있었다.

아들이 아빠랑 한바탕하고 나면 그 화풀이를 다른 가족들에게 한다는 것이다. 엄마에게 욕하고 동생을 폭행하고 심지어는 엄마를 거칠게 밀치기도 한다는 것이었다.

엄마는 날이면 날마다 힘든 상황을 겪어야 하는데, 이제 아들한테 "이런 모욕적인 말과 봉변을 당해야 하나?"라는 생각이 들어 너무나 서글프다고 했다. 아마 "어떻게 자식이 부모에게 욕을 하고 밀쳐?"라고 생각하는 분들도 있을 수 있겠지만, 놀랍게도 이런 고민을 하는 부모들이 많다.

이런 수치스러운 사정을 누구에게도 말을 못하고 그저 쉬쉬하는 통에 드러나지 않았을 뿐이지. 사실 이런 유사한 사례는 많다.

이 가정이 어쩌다 이렇게 되었을까?

아들이 친구 관계는 문제가 없다. 이것으로 보아 성품보다는 관계의 문제라고 생각할 수 있다. 이렇게 특정한 사람에게만 다른 반응을 보이는 것을 '특수 관계'라고 할 수 있다.

문제의 원인은 일방적이고 강압적인 양육 방식

아버지의 양육 태도가 일방적이고 강압적인 것이 문제다. 아버지의 말과 태도에 아들에 대한 존중은 조금도 없다. 존중받는 아이는 문제를 일으키지 않는다. 아들의 취향과 프라이버시를 무시하는 것도 모자라 강압적으로 자신의 틀에 자녀를 끼워 넣으려고 한다.

그러다 자녀가 반항을 하면 이를 도발로 간주하고 억지로 꺾으려고 하고 있다. 그럴수록 자녀의 반항은 더욱더 심해진다.

[사례] 기질 분석

위 사례를 분석해 본다. 아빠와 아들의 기질이 너무 비슷하다. 둘 다 강하고 굽힐 줄 모른다. 일명 목표 카리스마 성격이라고 할 수 있다. 이런 성격은 목표 지향적이고 자신의 뜻이 이루어지지 않으면 분노를 표출한다. 그리고 모든 책임을 상대에게 돌리고 비난한다. 상대를 제압하지 않으면 자신이 제압을 당한다는 생각을 한다. 계절로는 여름과 겨울이 복합된 성격이다. 여름은 70%이고 겨울이 30%다. 이런 두 극단의 강한 성격이 대립을 하니 갈등의 심각성이 크고 해결이 어렵다. 그 한 가운데 끼어 있는 가족들의 고통은 말할 수 없이 크다.

목표 카리스 외에 천재 카리스마, 손 카리스마, 마음 카리스마 있다.

　　　　당신은 지금, 자녀와 전쟁 중인가?

모든 사람은 카리스마가 있으며, 분야가 다를 뿐이다.

기질이 대단히 중요하다. 가족의 기질을 파악해야 한다. 아빠가 아들의 기질을 모르고 강박적으로 바꾸려고 하기 때문에 갈등이 생기는 것이다. 서로의 기질을 이해하고 존중하며 유연성을 가지고 조율하는 기능이 필요하다. 아버지가 아들의 기질을 조금만 인정해 주고 존중해 준다면 순조롭게 해결될 수도 있다.

문제를 인식하지 못하는 양육자

문제는 어머니의 양육 태도이다. 아이는 자신의 부당함을 분노로 표현할 수 있다. 자신의 부정적인 감정을 표현하는 것은 건강한 감정 표출이라고 할 수 있다.

그 감정 표출이 선을 넘어 부모에게 욕설을 하거나 신체적으로 가해를 했을 때는 엄한 양육을 해야 한다. 이 엄마가 처음부터 아들의 옳지 않은 태도에 단호히 대처했더라면 지금과 같은 문제가 발생하지 않았을 것이다.

지금 아들이 한 행동은 감정의 표현이 아니고 폭행이다. 폭행은 상대가 누구든지 간에 해서는 안 된다. 그 상대가 부모라면 더욱 그러하다. 그런데 아이가 이런 태도를 보이는 데는 어머니의 양육 태도가 더 문제일 수 있다.

엄마는 아들이 버르장머리 없을 때 즉시 단호하게 대응했어야 했다. 양육을 하고 싶었지만 참는다. 이것이 문제인 것을 모른다. 이것은 누구의 문제가 아니다. 각 기질의 차이가 문제다.

양육자의 자존감

어머니는 양육 중에 스스로 자신을 존귀하게 여기는 모습을 찾아볼 수가 없다. 아들이 어머니에게 부당하고 버릇없고 선 넘는 태도를 보일 때 단호하게 훈육했어야 한다.

엄마는 모멸감을 느낄 때 즉각 제재해야 한다. 아주 중요하다. 엄마도 엄마로서 대접받아야 한다.

"엄마는 너에게 이런 대접을 받을 사람이 아니다. 네가 이렇게 엄마에게 함부로 대하면 엄마도 너를 돌봐줄 수가 없어. 네가 엄마한테 해명하고 사과도 해. 네가 무엇을 잘못했는지 생각해 봐."라고 말하고 바로 그 자리를 떠나야 한다.

엄마가 예상치 못한 반응을 보이면 아이는 움츠리며 분위기를 살피게 된다. 아이가 생각할 기회를 주고 엄마는 자리를 뜨는 것이다. '괜히 말했네.' 이런 생각을 하면 안 된다. 계속 있으면 말이 길어지고 또다시 갈등은 시작될 것이다. 그리고 아이가 반성하고 용서를 구할 때까지 엄마는 최소한의 보살핌 외에는 어떤 보살핌도 해서는 안 된다.

너 때문에 화가 났다. 기 싸움이 아니다. 상냥하게 말할 필요도 없다. 엄마는 엄마의 자존심이 있다. 엄마의 마음은 엄마가 챙겨야 한다. 나도 귀하고 너도 귀하다. 무릎을 꿇어라가 아니다. 엄마를 함부로 대하는 태도와 행동은 어떠한 경우에도 용납할 수 없다.

아이가 처음에는 당혹스러워한다. 그래도 엄마는 일관성이 있어야 한다. 아이가 진정으로 잘못했다고 사과할 때 "고맙다. 엄마가 잘못한 것도 있어. 앞으로 잘해 보자."라고 말하며 받아 주어야 한다.

자녀와의 갈등은 끝까지 가본다. 갈등이 거의 유사한 주제들이다. 처음에는 힘들어도 한 번 해보면 다음부터는 수월해진다. 부부 갈등도 마찬가지다.

일관성 있는 양육

'자율 한계 정해 주기'

부모가 양육의 한계선을 정해 줄 때 안정감, 소속감, 보호받고 있다는 느낌을 받게 된다. 자녀가 어떻게 해야 옳은 것인지, 이래도 되는 건지, 애매모호할 때 자녀는 부모가 강하게 방향을 잡아 주기를 원한다. 부모의 한계선이 없이 마냥 잘해 주기만 하는 것은 결코 아이가 원하는 것이 아니다. 알아서 하겠지 하는 것은 무책임한 것이다.

'양육의 어려움'

한계선을 잡아 주는 과정에서 갈등이 생기게 마련이다. 이 갈등을 두려워해서는 안 된다. 아이들에게 예측 가능성을 만들어야 한다. 그래야 엄마를 존경하고 질서가 잡힌다. 엄마들이 이것을 하지 않는다. 상담 오신 분들에게 몇 년을 말해도 처음 듣는 표정이다. 그만큼 힘들고 머리가 아프다. 내 존재의 가치를 높여야 아이들이 대하는 태도가 달라진다. 자존심을 높이는 방법은 나도 귀하고 너도 귀하다는 것을 인식하는 것이다. 용기를 내고 행동으로 옮겨야 한다. 이 갈등이 부담스러워 그냥 아이를 방치하는 경우가 대부분이다. 양육의 과정을 피하고 두려워하면 다음에 이를 감당해야 한다.

아이는 갈등을 통해 현실감을 익히고 해야 될 일과 하지 말아야 될 일의 경계를 알게 된다. 이런 감각은 자녀에게 삶의 이정표가 된다. 여기서 반드시 알아야 할 것은 강하게 잡기만 하면 갈등만 증폭될 뿐, 되는 것이 없다. 평소에는 부드럽고 자애로운 부모이지만, 잘못을 했을 때는 단호해야 한다.

단호함이란 무엇인가?

- 가능한 것
- 불가능 것
- 타협이 가능한 것

분명하게 제시해 주는 것이다. 부모의 이러한 태도는 자녀에게 스스로 조절할 줄 아는 분명한 기준점과 높은 도덕성의 기준이 된다.

예측 가능성이 중요

부모가 분명한 양육 태도를 가지고 자녀가 예측 가능한 상황을 만들어 주어야 자녀는 안정감을 갖게 된다.

"학교에서 50분이면 수업이 끝나고, 잠시 쉬고 화장실에 갈수 있어."라고 생각할 수 있게 하는 상황을 학생들에게 안내하고, 스스로 설계하고 새로운 계획을 세우게 한다.

수업이 언제 끝날 줄 모른다면 몹시 지루하고 학생들을 지치게 만든다. 양육의 한계선이 명확하지 않고 무한대로 주어진다면 정서적인 공간과 자유가 고립되어 불안을 만든다. 이것이 자녀의 내면에 난폭성이 될 수 있다.

"내가 이런 태도를 보이면 부모님은 이런 모습을 보일 것이고, 내가 이런 행동을 하면 부모님은 나에게 이런 태도를 보일 거야."라는 예측이 가능해야 하고, 이를 위해서는 기준점이 있어야 한다. 아이들은 그

　　　당신은 지금, 자녀와 전쟁 중인가?

것으로 자신의 바른 성품의 도덕적 근거로 삼고 살아갈 것이다.

아이가 4 ~ 5세 때 욕설을 할 경우는 의미가 없다. 나이에 맞는 문화가 있다. 아이가 욕설을 해서 깜짝 놀랐다면, "다른 말로 하면 어떨까?"라고 물어서 스스로 수정하도록 도와주어야 한다.

아이가 욕설을 하면 나쁘다는 생각으로 비난하게 되면 아이는 불안해서 부모와 대화 자체를 하지 않으려고 한다. 부모와 자녀의 대화가 단절되는 것은 거의 이런 이유 때문이다.

2.
짜증 뒤의 불안

●

짜증은 어린 아이에 국한되는 것이 아니다. 어른들도 할 수 있다.
왜 그럴까?

[사례] 초등학교 3학년, 짜증내는 아이

어느 엄마의 사연이다. 슬하에 초등학교 3학년 아들과 1학년 딸이
있다. 오늘의 주인공은 초등학교 3학년 아들이다.

이 아들은 하루 일과가 짜증으로 시작해서 짜증으로 끝난다고 했
다. 아침에 일어나라고 하면 깨운다고 짜증내고, 밥을 먹으라고 하면
밥 먹으라 한다고 짜증내고, 게임을 그만 하라고 하면 게임 그만 하라
한다고 짜증내고, 숙제를 하라고 하면 숙제하라 했다고 짜증내고, 동
생하고 싸우지 말라고 하면 싸우지 말라 했다고 짜증내고, 학원을 가
라고 하면 학원가라 했다고 짜증내는 등 삶이 온통 짜증으로 꽉 차
있다.

엄마 친구에게는 여덟 살 된 아들이 있다. 어느 날 그 친구가 집을
방문한 적이 있다. 그 친구의 여덟 살 아들과 보드게임을 하던 중, 아
이는 자신이 질 것 같으면 온갖 핑계를 대며 짜증을 내고 "나 게임 안
해!"라고 말하며 화를 낸 뒤 자기 방으로 들어가 버렸다. 엄마는 친구

를 마주한 상황이 너무 민망했다고 한다.

엄마는 하루에도 수십 번 쥐어박고 싶은 걸 참고 또 참고 있다. "이러다가 어느 때 폭발할 것 같아서 무서워요."라고 말했다. 아무리 어르고 달래도 아이의 행동은 달라질 기미가 보이지 않는데, 이를 어떻게 해야 할지 모르겠다는 것이다.

우리에게는 누구나 친숙한 고민이다. 자녀의 짜증은 나이나 성별을 불문하고 발생하는 것이다. 유아기부터 성인에 이르기 까지 가족의 짜증으로 힘들어 하는 사람들이 생각보다 많다.

부모가 보기에는 최근 들어 짜증이 갑자기 늘어난 것처럼 보일 수 있지만, 이 짜증은 상당 시간 누적되어 온 잘못된 소통과 욕구 불만의 결과다.

이 아이는 오래 전부터 시작된 마음의 불편이 이제야 짜증이라는 수도꼭지를 통해 나오기 시작한 것이다.

유아기의 아이가 짜증을 내는 이유

'지나치게 주도적이거나 허용적인 양육'

아이가 장난감을 가지고 노는 것은 아이의 마음이다. 아이의 집중력을 높이고자 사 준 것이다. 부모가 간섭을 하니 좌절되고 위축된다. 아이의 욕구와 마주친다. 갈등이다.

모든 것을 풀어 주는 방임은 불안하고 두렵다. 요즘 우리 아이가 태어나서부터 짜증이 심하다. 친구들과 놀다가 짜증이라는 수도꼭지가 터진다.

'정서적 발달과 신체적 발달의 불균형'

유아기에 자기주장이 생기기 시작하고 욕구도 많아지고 목표 의식
도 높아지면서 노는 것도 자신만의 틀을 갖게 된다.

"일등 할 거야. 게임에서 이길 거야."라며 짜증이 심해진다.

'4 ~ 7세 짜증'

짜증은 빠른 발달을 따라가려는 과정에서 심신이 힘들어서 생긴다.
전에는 부족해도 아무렇지도 않았던 부분이 이제는 조금 명확하게 보
이면서 완벽하고 잘 해내고 싶다는 욕구와 신체가 따라가지 못하는
한계의 불균형에서 생기는 갈등이다.

정서 발달과 신체 발달의 불균형으로 인한 짜증이다. 형처럼 놀이기
구를 잘 타고 싶은데 안 될 때 짜증이 난다.

아동기 짜증내는 아이 양육법

'가능한 협상과 불가능한 협상'

유아기 아이들의 짜증을 다루는 것의 기준은 협상이 가능한 부분
과 불가능한 부분을 명확하게 알려 주는 것이다. 모든 것이 가능하다
고 생각하는 것이 아이들의 욕구다. 상대에게 해를 끼치는 부분은 안
되는 행동이다. "네가 하고 싶은 것은 알겠지만 이것은 안 된다."라고
말한 후, 협상이 가능한 부분은 아이가 원하는 것이 무엇인지, 무엇이
문제인지 대화를 하면서 그 부분을 도와주어야 한다.

아이의 욕구대로 다 해줄 수 없다. 해주고 싶지만 해줄 수 없다. 그
럼 아이는 울고 난리다. 엄마는 사전에 충분히 대비해야 한다. 기다릴

줄 아는 것도 성장이다. 욕구를 바로 들어주면 전두엽 발달이 저해된다. 인내하고 사고할 때 행동을 주관하는 전두엽이 발달된다.

새벽 6시에 일어나서 놀이터에 가자는 아이가 있다. 놀지 못한다. 친구가 없다. 왜 친구가 없느냐고 바닥을 치고 운다. 단호하게 안 된다고 해야 한다. 안 될 때는 이유를 설명을 해야 한다. "지금 놀이터에 가면 아이들이 없어."

'공감하기'

아이의 부정적인 감정을 충분히 읽어 주고 "네 마음이 속상하지. 엄마도 잘 알아. 하지만 이것은 안 되는 거야."라고 단호하게 말해 주고 상황을 종료해야 한다.

'무시하기'

공감을 해주었음에도 아이가 자기 뜻대로 되지 않으면 울고불고 난리가 날 것이다. 하지만 견뎌야 한다. 그때부터는 무시하는 전략을 쓴다. 눈길도 주지 않는다. 바지가랑이 잡고 따라다닌다. 이때 한 번 봐주면 다음에는 더 세게 나온다. '더 이상 너의 방법은 통하지 않아!'라는 메시지를 분명하게 전달하면 이 습관은 자연스럽게 고쳐진다. 아이의 생떼에 일일이 "이러면 안 돼. 그래 속상했지. 엄마가 어떻게 해줄까?"라고 반응하면 안 된다.

무시할 때는 끝까지 무시해야 한다. 애가 잠잠해지면 "힘들었지. 속상했지."라고 말하여 공감해 주면 거의 수긍한다. 다시는 안 그럴까? 또 그러기는 한다. 하지만 그 강도는 점점 약해진다.

만약 위험한 상황에서 벌어진 일이라면, 아이를 안전한 곳으로 옮긴 뒤 그냥 내버려 둔다. 사실 부모 입장에서 내버려 두는 것은 쉽지 않다. 하지만 이를 양육자 본인과의 싸움이라고 생각하고, "안 되는 건 안 되는 거야."라는 메시지를 분명하게 전달하는 것이 중요하다. 경계를 분명하게 정해 주어 아이가 예측 가능한 상황에 놓이게 되면, 불안은 점점 줄어들고 자연스럽게 짜증도 감소할 것이다.

마음의 상처 해결하기

우리 모두가 간절히 바라는 것은 아이 마음의 상처를 해결해 주는 것이다. 그런데 아이의 상처를 알 길이 없다.

아이의 아픈 마음을 어떻게 알 수 있을까?

'아이의 감정이 진정될 때까지 기다리기'

아이가 짜증을 내기 시작한 상황에서는 어떤 양육 방식도 효과를 내기가 어렵다. 아이의 짜증을 충분히 공감해 주고 안 되는 것은 안 된다고 말해 주고 아이가 마음을 정리할 때까지 기다려 준다. 그 아이의 짜증이 줄어들고 평정심을 찾을 때 대화를 시도하는 것이 좋다.

'속마음 읽기'

"우리 아들이 화낼 때 엄마는 힘들었어. 아들이 빨리 괜찮아졌으면 좋겠다고 생각했어. 그런데 아들이 화를 낼 때 엄마는 저렇게 화낼 일인가? 왜 화를 내지? 좀 이해가 안 됐었어. 우리 아들이 화를 낼 때는 분명 이유가 있을 거야. 그 이유를 엄마한테 말해 줄 수 있을까? 그러면 엄마가 너를 도울 방법이 있을 것 같아"라고 접근할 수 있다.

"우리 아들이 사고 싶은 것을 못 살 때 많이 화를 내잖아. 그런데 화가 날 때 어떤 것이 더 화가 나고 억울하게 느껴지는지 궁금해?"라고 물어보며 접근하는 방법도 있다.

그리고 "아들이 화가 날 때마다 같이 떠오르는 옛날 생각이 있는지 알고 싶어. 아주 어릴 때 기억도 좋아."라고 물어보면 아이들은 바로 반응을 한다.

아이들이 짜증을 내는 것은 "내 마음을 알아주세요."라는 메시지가 내포되어 있다. 그래서 양육자가 자기 마음에 대해 질문을 하면 아이들은 바로 반응을 한다. 마음은 존재의 근거이기 때문에 사람의 마음을 건드려 주면 반응을 하게 되는 것이다.

조력하는 양육자

그런데 가끔은 질문에 대답을 하지 않을 수도 있다. 그 이유는 질문을 하는 태도가 비난조이거나 공격적일 때 아이는 자기 마음을 꽁꽁 숨기려 하는 것이고, 안 그래도 아픈 마음이 더 상처를 받을까 두렵기도 하기 때문이다.

부모에게 자신의 마음을 드러내는 것을 포기하게 되고, 친구들과 마음을 나누거나 또는 스마트폰이나 게임 등 가상 현실에서 위로를 받는 방법을 선택하게 된다.

"아들의 마음을 엄마한테 말해 줄 수 있어?"라는 질문과 "네 마음을 엄마한테 말해 봐."라고 질문하는 것은 전혀 다른 말이다. 후자는 "내가 잘못했다고 말하라는 거구나."라고 생각하고 긴장을 하게 된다. 양육자는 심판자가 아니고 부드러운 조력자가 되어야 한다.

아이가 자기 마음을 설명하기 시작하면 공감만 해주면 된다. "그건 아니지, 그렇게 생각하면 안 되지."라고 설득이나 훈계를 한다거나 "그래, 네 생각은 잘 알겠어. 그런데 넌 엄마 생각은 전혀 안 해? 네가 화가 난다고 난장판을 만들면 엄마 마음은 어떻겠어?"라고 따지거나 "뭐 그런 일로 그렇게 사람을 힘들게 하냐?"라고 말하여 아이의 상처를 무시하는 행위는 아이의 마음을 영원히 닫게 만든다.

"내 마음을 알아줄 것처럼 하더니 내가 이럴 줄 알았어. 다시는 엄마한테 말 안 할 거야."라고 생각하고 양육자에 대한 배신감을 가질 수 있다.

공감하기

그럼 양육자는 어떻게 반응해야 할까?

"그런 일이 있었구나. 엄마는 전혀 생각도 안 나는 일인데. 우리 아들이 그 일로 아파하고 있었구나. 엄마가 들어도 화가 나는데 우리 아들은 얼마나 화가 났을지 알 것 같아. 우리 아들. 정말 미안해."

진심으로 미안한 마음을 전달하고 아이가 힘들었던 마음을 공감해 주면서 아이가 상처받은 마음을 어루만져 주고 두 팔로 안아준다.

변명, 훈계, 잔소리는 금물

공감을 한 후 "그런데 아들의 마음은 잘 알겠는데 엄마도 그럴 수밖에 없었어."라고 말하여 아이의 상처를 덮어 버리거나, "아들의 마음은 잘 알겠는데 수시로 화를 내고 짜증을 내면 누가 너를 좋아하겠니? 나중에 네 옆에 사람이 아무도 없어. 너 그거 고쳐야 해."라고 훈계로 마무리한다면 아이의 마음은 어떨까? '그럴 줄 알았어.'라고 생각하고 결국 마음은 원래대로 돌아가거나 더 멀어질 수 있다.

상처를 말한 용기에 칭찬하기

자신의 마음을 드러내는 일은 힘든 일이다. 자녀가 자신의 마음을 드러내는 것이 부담스럽고 '혼나지는 않을까?' 하는 두려움을 감수하고 용기를 내어 한 고백은 칭찬을 해주면 보상받는 느낌이 든다.

"말하기 힘든 것을 용기내서 말해 줘서 고마워."라고 고마움을 표현하고 대화를 마무리한다.

깊은 상처를 반복해서 듣기

사람의 상한 마음은 한 번만 사과를 해서 끝나지 않는다. 자녀들은 오늘 했던 이야기를 살면서 몇 번 반복할지 모른다. 아무리 반복해도 처음 듣는 것처럼 반응해야 한다.

"너는 도대체 이 말을 몇 번이나 하는 거야? 저번에 엄마가 충분히 사과하고 끝난 일 아니었어? 어지간히 해라."라고 반응하면 자신의 상처가 부정당하는 기분이라서 더 큰 상실감을 갖게 된다.

아내가 남편의 서운한 마음을 이야기하는데 남편이 "이번 한 번만 더 들어준다. 오늘 몽땅 다 말해. 이제 더 이상 내 앞에서 절대 말하지 마."라고 말하면 아내는 어떤 감정일까?

아무리 같은 말을 반복해도 진심으로 들어주고 공감해야 한다. 이 모든 노력은 아이를 위해서 하는 게 아니라 내 삶의 질을 높이기 위해서이다. "자식이 상전이다. 내가 이런 꼴을 보려고 고생하며 키웠나? 내가 죄인이네."라고 생각하며 억울해 하거나 슬퍼할 필요가 없다.

3.
미안해하는 아이

●

미안하다는 말을 자주 하는 여섯 살 딸을 둔 엄마의 사연이다. 엄마가 아빠랑 아주 사소한 집안일로 말다툼만 해도 딸은 "엄마, 미안해."라고 말한다. 또한 엄마가 딸과는 전혀 상관없는 일로 실수를 해도 "미안해."라고 한다.

"엄마, 미안해."라는 말을 자주 하는 아이는 어떤 심리일까?

이런 아이는 어떻게 양육해야 할까?

사실 생각보다 이런 고민을 하는 양육자 분들이 많다. 이 고민은 아이뿐만 아니라 성인인 경우에도 종종 있다. 엄마가 봤을 때 미안할 상황이 전혀 아닌데도 "미안해"를 지나치게 표현하는 경우이다. 엄마는 '자신이 너무 엄하게 키워서 그런 것은 아닌가?'라고 자신의 양육 태도를 생각해 본다.

미안하다는 말을 자주 하는 이유

'자기중심적 사고'

유아기나 저학년 초등학교 아이들은 모든 일의 원인을 자기 안에서 찾으려고 한다. 아주 작은 일이라도 그 원인을 자신 때문에 일어난 일이라고 생각한다. 자녀가 어릴 때 자녀가 보는 앞에서 부부 싸움을 하지 말라는 것이다. 자신과 전혀 상관없는 일로 싸워도 자신 때문에 싸운 것이라고 자녀들은 착각을 한다.

'타고난 기질'

타고난 성격이 기질적으로 불안감이 높아서 갑자기 의도하지 않은 상황이 벌어질 때, 불안감이나 당혹감을 감추기 위한 목적으로 미안하다고 말한다. 이 상황을 내가 야단맞는 상황이라 인식하고 빨리 이 불편한 상황을 벗어나기 위해 영혼 없이 미안하다는 말을 할 수도 있다.

그럼 "미안해."라는 말이 담고 있는 뜻은 무엇일까?

불안

불편

안전한 거지?

상황은 끝난 거지?

괜찮은 거지?

지적은 끝난 거지?

지금까지 경험을 통해 학습하게 된 불안한 상황에서 벗어나기 위한 전략적인 말을 "사랑해."라고 표현할 수 있다.

이런 말을 줄이려면 어떻게 해야 할까?

"엄마가 이렇게 못해서 그런 거야. 아들은 잘못한 것 없어."라고 공감을 해주고, 그 다음에 "아들이 불편하구나. 두렵구나. 불안하구나."라고 말해 준다. 그리고 어떤 부분이 미안한지 물어본다.

무엇을 잘못해서 미안한 것일까?

자녀의 본마음을 알아본다. 그리고 물어본다.

"미안하다고 했지. 그것은 미안한 마음이 아니야." "엄마한테 혼날까 봐 그랬구나. 그럴 때는 '미안해요'가 아니라 '두려워요', '불안해요'라고 말해야 해. 화가 날 때는 '화가 나요'라고 표현하면 돼."라고 적절한 말로 바꾸도록 한다. 그래야 정서적으로 발달한다.

'적절한 언어를 몰라서'

불안한 상황에서 사용할 적절한 언어를 찾지 못해서 "미안해."라는 말을 마치 마스터 키처럼 사용하기도 한다.

불안해도, 두려워도, 불편해도, 걱정이 되어도 모든 상황을 미안하다고 표현하는 것이다. 이런 아이에게는 무엇이 문제인지 살펴봐야 한다. 어떤 상황인지 객관적으로 보게 해야 한다. 아이의 마음속에 있는 것을 꺼내게 하는 것이 중요하다. "미안해."라는 말을 반복하지 않게 하려면 어떻게 해야 할까? 그 상황이 미안한 상황인지, 불안한 상황인지 구분해서 말할 수 있도록 도와주어야 한다.

아이의 생각을 존중해야 한다. 설사 말이 안 된다고 해도 비난하지 말고 다른 말을 찾아야 한다. 용기를 주어야 한다. 어느 때는 부모의 마음을 이용할 때도 있을 수 있다. 이때는 바로 확인 작업에 들어가야 한다. 혼나는 상황을 모면하기 위해 그럴 수도 있다.

양육법

'자기중심적 사고'

자기중심적 사고를 하는 아이는 일의 상황을 아이의 언어로 설명해 주어 죄책감에서 벗어나도록 도와주어야 한다. 그래야 아이는 일의 원인이 자신에게 있지 않다는 것을 알게 된다.

'상황 회피용'

상황 회피용으로 미안하다는 말을 하는 아이에게는 편안하게 자기 생각을 이야기할 수 있도록 친절하게 대화를 시도한다.

'공감'

아이의 당황스러워 하는 모습에 공감한다. "우리 아들이 생각한대로 되지 않아 속상 하구나? 혼날까봐 무서웠구나?"라고 공감을 충분히 해준다. 이렇게 마음을 열도록 한 다음에 대화를 이어간다.

'무엇이 잘못인지 생각하게 하기'

아이의 잘못이 무엇인지 지적해 주는 것이 아니라 아이가 스스로 자신의 잘못을 생각하고 답할 수 있도록 도와준다.

"아들, 미안하다는 말은 무엇을 잘못했을 때 하는 말일까? 아들은 뭐가 잘못됐다고 생각하니?"라고 물어서 아이가 자신의 잘못을 구체적으로 인식하고 표현할 수 있도록 도와주어야 한다.

'대안'

"아들 생각은 그렇구나. 이 잘못을 반복하지 않기 위해서는 어떻게 하면 될까?"라고 질문해서 아이가 스스로 대안을 생각해서 찾아내도록 도와주어야 한다.

'아이 생각 존중'

아이가 생각한 대안을 존중하고 지지해 준다. 이런 과정을 거친 대화가 행동으로 이어진다.

'비난하지 않기'

이런 과정 없이 "넌, 맨날 미안하다고 하면 다야? 이제는 지겹다."라고 면박을 주면 다음부터는 조심하겠다는 생각보다는 자신이 참 못난 사람이라고 자신을 비하하거나 어떻게 할지 몰라서 당혹스러운데 엄마의 비난까지 들으니 자신감은 땅에 떨어지고 상황은 더 나빠질 것이다.

적절한 표현을 찾지 못할 때

아이가 부정적인 감정을 표현할 적절한 말을 찾지 못해서 미안하다는 말을 자주 하는 경우다. 이럴 경우, 적절한 말을 찾도록 도와주어야 한다. 미안하다는 말을 상황에 맞는 말로 바꿔 주어야 한다.

이런 아이는 어떻게 도와주어야 할까?

'아이의 본마음 읽기'

이 아이의 본마음을 알아야 한다. "아들, 아들의 지금 마음을 설명해 줄 수 있어?"라고 물어서 아이의 대답을 듣고 진짜 마음이 무엇인지 생각한다.

'적절한 말로 바꿔 주기'

"아들이 걱정이 되는구나. 그래서 미안하다고 한 거구나. 이럴 때는 '미안해요.'라고 말하는 게 아니고 '걱정돼요.'라고 말해야 하는 거야."

이처럼 아이의 감정을 파악한 뒤 "불안해요, 두려워요, 슬퍼요, 걱정돼요라고 말하는 거야."라고 상황에 맞는 적절한 말을 제시하여 자신의 감정을 인식하고 표현하도록 도와주어야 한다.

'부정적 감정 존중'

양육자는 "화나요, 우울해요, 분해요, 속상해요, 기분 나빠요, 슬퍼요."와 같은 부정적인 감정을 존중해야 한다.

양육자들이 가끔 대화의 핵심인 감정은 뒤로 한 채 부정적인 표현에만 꽂혀서 아이와 대화할 기회를 놓치는 경우가 자주 있다. "그 예쁜 입으로 예쁜 말을 해야지. 그렇게 나쁜 말을 해?" 라고 아이의 부정적인 감정 표현을 억압하면 안 된다.

아이에게 부정적인 감정을 있는 그대로 표현하는 법을 가르쳐야 한다. 이런 경험을 통해 "부정적인 감정을 있는 그대로 표현해도 괜찮아. 불안해할 것 없어. 너에게 아무 일도 일어나지 않아."라고 말하며, 아이의 부정적인 감정을 지지하는 부모가 되어야 한다.

부정적인 감정을 표현할 줄 알아야 비로소 감정의 성장이 시작된다. 이를 토대로 타인과의 감정 교류도 원활하고 정서적으로 잘 발달된 사람이 될 수 있다.

'대답 시간 5초 이상'

아이들은 어른처럼 생각하는 능력이 잘 발달되어 있지 않다. 아이가 생각하고 답하는 시간이 어른보다는 몇 배 더 걸리기 때문에 아이에게 질문하고 답하는 시간은 최소 5초 이상은 주어야 한다.

경우에 따라서 때로는 1~2분 넘어가는 아이들도 있다. 아이들은 대답이 잘 안 나온다. 10분 이상 시간이 걸리는 경우도 있을 수 있다. 과묵해서가 아니다. 평소 자신의 생각을 들여다 본 경험이 없기 때문이다. 갑자기 물어 보니 생각이 안 날 뿐이다. 상담 시간이 50분인데 이렇게 되면 상담 시간 동안 나눈 대화는 몇 마디 안 된다는 말이다. 어머니들은 아이가 생각하는 이 시간을 무척 힘들어 한다.

처음부터 "대답을 들으려면 날을 새야 할 것이다."라는 마음으로 여유를 갖고 기다려야 한다. 이때는 "아들, 생각이 안 날 수 있어. 천천히 생각하고 대답해도 돼."라고 말하며, 아이가 엄마와의 대화 시간을 편안하게 느낄 수 있도록 해야 한다.

'아이의 대답 존중하기'

아이는 대답을 하다가도 "도대체 이걸 말이라고 하는 거야?"라는 말을 듣고 야단맞는 경우가 많다. 이어서 "내가 말을 시작한 것이 잘못이다. 너랑 무슨 말을 해?"라며 인내심의 한계를 드러내는 양육자들도 많다. 결국 아이는 다시 엄마 앞에서 자신의 마음을 내놓지 않게 된다.

왜 그럴까?

그 이유는 속마음을 드러냈을 때 비난만 받았기 때문이다. 그러면 아이는 "속마음을 드러내는 일은 위험한 일이구나. 다시는 속마음을 드러내지 말아야지."라고 학습하게 된다. 사람은 부정적인 감정 경험을 다시 반복할 가능성이 매우 낮다.

아이가 다시는 엄마 앞에서 자기의 속마음을 드러내서 말하지 않을 것이다. 아이가 아무리 이상한 대답을 해도 아이의 생각을 존중해야 한다. 아이가 말하는 것이 마음에 들지 않더라도 "그랬구나. 네 마음을 알 것 같다."라고 받아주고 존중해주어야 한다.

아이가 대답을 하기는 하는데 이 말이 무슨 말인지 모를 때는 그냥 짐작으로 넘어가지 말고 아이에게 설명을 부탁해야 한다. 아이들은 어휘력이 부족하다. "우리 아들이 그렇게 생각했구나. 그런데 아들아, 엄마는 무슨 말인지 잘 모르겠어. 다시 설명해 줄 수 있을까?" 또는 "엄마가 이렇게 이해를 했는데 맞아?"라고 확인하는 질문을 하여 아이의 대답에 담긴 깊은 뜻을 알아내야 한다.

'아이 생각 이해가 중요'

아이의 말을 들었다면 "아, 아들의 말은 이거구나."라고 아이의 말을 양육자가 잘 이해했음을 확인하는 과정을 거쳐야 한다.

'생활의 적용'

양육자가 원하는 대답이 나왔다면 "와, 우리 아들이 그렇게 생각했구나. 아주 좋아. 그러면 우리 그렇게 한번 해보자. 그리고 이 방법이 별로다 싶으면 다른 방법을 찾아보도록 하자." 라고 아이의 생각을 지지해주는 대화를 나누어야 아이가 자신감을 가지고 실행에 옮길 수 있다.

'조절 능력 키우기'

생활에 적용을 잘할 수 있도록 도와주어야 한다. 아이가 여러 번 실수를 반복할 것 같은 시점에 "아들아, 이럴 때 어떻게 하기로 했지? 엄마랑 같이 생각해 볼까?"라고 대화를 상기시켜서 아이 스스로 조절할 수 있도록 감각을 키워 주어야 한다.

'성공은 칭찬'

어떤 일을 성공했을 때는 결과가 아니라 과정을 칭찬해 주어야 한다. "우하, 우리 아들이 해냈구나. 애썼어. 그거 하기가 무척 힘든 건데 엄마와 했던 약속을 잘 생각하고 행동했구나. 멋지다. 최고다."라고 말해 주어 이 행동이 강화되도록 도와주어야 한다.

'실패 용기 주기'

누구나 처음부터 잘할 수 없다. 일을 하다 보면 실패도 성공도 할 수 있다. 실패할 때 비난보다는 "그럴 수 있어. 네가 실패해도 엄마에게는 소중해. 성공해도 실패해도 넌 엄마의 아들이야."라고 말하여 있는 상황 그대로 인정하고 지지해 준다.

4.
'미안해'는 건강한 표현

●

[사례] 자녀 문제로 항의를 받을 때

초등학교 4학년 남자 아이의 사연이다. 어느 날 학교 선생님에게서 전화가 왔다. 아들이 5학년 학생을 때려서 얼굴에 상처가 났다고 한다.

이런 내용을 전달하면서 "어머님이 맞은 친구 어머님에게 전화를 하셔서 미안하다고 하셔야 할 것 같아요."라고 말했다. "네, 그런 일이 있었군요. 그런데 선생님, 우리 아들이 그 친구를 왜 때렸는지 물어 보셨나요?"라고 물었고, 선생님은 당황한 듯 약간 떨리는 목소리로 "아, 안 물어봤는데요."라고 했다.

"선생님, 아이들이랑 대화도 안 하시고 저에게 전화부터 한 것인가요?"라고 했더니 "아, 네…"라고 말을 얼버무렸다고 한다. 어머니는 선생님으로부터 친구 어머님의 전화번호를 받았다.

학교에서 생긴 문제는 어떻게 처리해야 할까?

'먼저 자녀 이야기 듣기'

바로 상대방 어머니에게 전화를 하면 안 된다. 일단 내 아이의 이야기를 먼저 들어봐야 한다. 이유는 내 아이가 그 친구를 때린 데에는 분명한 이유가 있기 때문이다. 집으로 돌아온 엄마는 아들의 귀가를 기다렸다.

이해를 돕기 위해 이 엄마의 아들은 초등학교 3학년 때까지 키 번호가 전교에서 마지막이었다. 교복을 입지 않으면 아들은 성인이라고 할 정도로 키가 커서 콤플렉스가 있었다.

아들이 귀가했다. 엄마는 부드러운 목소리로 대화를 시도했다. "아들, 오늘 학교 선생님께 전화를 받았어. 무슨 일로 전화를 받았는지 아들은 짐작할 거야?"라고 말을 했더니 아들은 표정이 어두워지면서 고개를 끄덕인다.

"아들, 엄마는 지금 아들을 혼내려는 게 아니야. 너를 도와주려는 거야. 그러니 편안하게 말해도 돼. 엄마는 아들 편이야. 오늘 상황을 엄마한테 설명 좀 해줄 수 있어?"라고 말하니 아들은 엄마의 눈을 보면서 말을 하기 시작했다.

"엄마, 그 친구는 나보다 키가 작아요."

"음. 그래."

"그런데 그 친구가 나를 만날 때마다 '아버지'라고 놀리는 거예요."

"그랬구나. 우리 아들이 정말 속상했겠다."

"네, 그래도 계속 참았거든요. 그런데 어제는 제 친구들이 다 모인 자리에서 저한테 큰소리로 '야, 아버지!'라고 하는 거예요. 그래서 제가 너무 화가 나서 나도 모르게 주먹이 올라가서 얼굴을 때렸어요. 죄송해요."라고 말했다.

아이의 이야기를 듣고 나니 엄마도 화가 나고, 아이가 참 힘들었을 것을 생각하니 마음이 편치 않았다.

 당신은 지금, 자녀와 전쟁 중인가?

'공감해 주기'

엄마는 "그랬구나. 우리 아들이 참 속상했겠다." 하고 한참 동안 안아준다.

'객관적 행동 보게 하기'

아들의 마음을 충분히 읽어 준 뒤에 대화를 이어간다.

"아들이 한 행동을 어떻게 생각해?"

"엄마, 잘못한 건 아는데 그래도 잘했다고 생각해요." 아들의 말이다.

'스스로 해답 찾게 하기'

"그래, 엄마는 네 말이 무슨 뜻인지 알 것 같아. 아들, 우린 이 일을 해결해야 해. 아들은 이 일을 어떻게 해결했으면 좋겠어?"라고 물어본다. 아들은 "그 친구를 만나면 사과할 거예요."라고 대답했다.

"그럴 거야?"라고 물었더니 고개를 끄덕였다.

"그런데 네가 사과를 하는 걸로 끝나면 안 돼. 너도 그 친구한테 사과를 받아야 해. 아들이 그 친구를 때린 것은 잘못한 일이긴 하지만 그 친구도 아들의 약점을 건드리고 친구들 앞에서 너를 창피하게 한 것은 분명히 잘못이야. 그 친구가 너를 놀려서 아들이 너무 화가 났던 것도 알려 줘야 해. 그러지 않으면 그 친구는 계속 반복할 거야. 그러면 그 친구 때문에 상처를 받는 사람들이 생길 것이고, 너도 상처를 받을 거잖아. 엄마는 그런 것을 원하지 않아."라고 말했더니 아들이 "네, 그럴게요."라고 대답했다.

상대 어머니에게 정중히 사과

아들 엄마는 친구 어머니에게 전화를 했다.

"먼저 사죄의 말씀을 드립니다. 많이 속상했죠? 아이는 좀 어떠한 가요?"

친구 어머니는 잠시 사이에 마음이 좀 풀렸는지 괜찮다고 말했다. 엄마는 충분히 거듭 사과의 뜻을 전하고 다시는 이런 일어나지 않도록 하겠다고 말했다.

'사과 받을 것은 사과 받기'

친구 어머니와 대화를 마치며 그 어머니에게 물었다.

"어머님, 우리 아들이 아드님을 왜 때렸는지 물어보셨나요?"

친구 어머니는 당황하며 "아뇨."라고 대답했다.

"그 이유는 전혀 모르고 계시네요?"라고 하자, 친구 어머니는 "네."라고 답했다.

"어머님, 사실은 우리 아이가 키가 너무 커서 스트레스를 많이 받고 있습니다."라고 말하며, 아들이 친구를 때린 이유를 설명했다.

"어머님도 마음이 아프시겠지만, 저 역시 상처받아 힘들어하는 아이를 보며 많이 힘들었습니다. 아드님께 이 일에 대해 설명해 주시고, 앞으로 이런 일이 반복되지 않도록 지도 부탁드립니다."라고 말하자, 친구 어머니는 당황한 듯 "어머, 그런 일이 있었어요. 정말 죄송해요."라고 사과했고, 대화는 마무리되었다.

이 사실을 선생님께도 알려 드리고, 아이들이 서로 잘못한 부분에 대해 사과하고, 받아야 할 사과는 받게 해 달라고 부탁했다.

아이들에게 이런 앙금이 남으면 그것이 마음의 뿌리가 된다. 그 쓴 뿌리는 아이의 인생에 두고두고 걸림돌이 된다. 따라서 앙금이 남지 않도록 일을 처리하는 것이 중요하다. 아이의 마음에 억울함이나 분노, 그리고 부모에 대한 불신을 키워서는 안 된다.

아이를 키우다 보면 별일이 다 생긴다. 때로는 날 선 항의를 받기도 하고, 학교에 불려가 고개를 숙여야 하는 상황도 생긴다. 그러나 성급하게 "미안하다"는 말을 하는 것은 금물이다.

"네, 많이 속상하셨지요. 그런데 우리 아이에게서는 아직 아무런 이야기를 듣지 못했습니다. 아이가 돌아오면 상황을 확인한 뒤 다시 연락드리겠습니다."라고 말하고, 반드시 아이의 입장도 들어야 한다.

우리는 항상 아이의 편이어야 한다. 그렇다고 눈과 귀를 닫고 무조건 아이 편만 들라는 의미는 아니다. 아이의 말을 끝까지 차분히 듣고, 필요하다면 주변의 이야기도 함께 들어야 한다. 이런 일로 누구도 억울한 사람이 생겨서는 안 된다.

상대 아이나 부모의 말만 듣고 성급하게 "정말 미안해요."라고 말하는 것은, 모든 책임이 우리 아이에게 있다는 뜻이 된다. 그렇게 되면 "내 아이는 문제아"라는 낙인을 찍는 것과 무엇이 다를까.

어른이 성급하게 아이에게 낙인을 찍어서는 안 된다.

엄마가 아이를 보자마자 몰아세우며 야단을 치면, 아이는 어떤 마음이 들까. 사랑하는 엄마가 자신의 말을 들어보지도 않고 모든 책임을 자신에게 돌린다면, 아이는 분노에 차 울부짖으며 자신의 이야기를 하게 된다. 그나마 이렇게 표현하는 아이는 다행이다. 어떤 아이는 변명조차 하지 못하고, 한마디 말도 하지 못한 채 속으로 삭히기만 한다.

뒤늦게 상황을 알게 된 엄마는 격한 분노에 사로잡힌다. 상대 아이에 대한 분노, 상대 부모에 대한 분노, 상황을 제대로 파악하지 못한 자신에 대한 자책, 아이에 대한 미안함까지 복잡한 감정이 뒤섞인다. 이 감정을 처리하지 못하면 또 다른 갈등을 만들어 낼 수 있다.

이미 끝난 일을 다시 꺼내 상대 부모에게 전화를 걸어 분노를 쏟아 내는 것은 지혜로운 대응이 아니다. 우리가 기억해야 할 것은 갈등이 반드시 나쁜 것만은 아니라는 점이다. 오히려 갈등은 관계를 성장시키는 계기가 될 수도 있다.

따라서 갈등을 없애려 하기보다, 어떻게 해결할 것인지가 더 중요하다. 그 과정은 성숙해야 한다. 누구도 억울하지 않도록, 감정의 찌꺼기가 남지 않도록 마무리해야 한다.

마음의 찌꺼기가 남아 있으면 성인이 되어서도 삶의 여러 영역에 영향을 미친다. 그래서 우리는 갈등 속에서도 자신의 마음을 지켜야 한다.

"미안하다"는 말은 정말 미안한 상황에서만 사용해야 한다. 갈등 상황에서 할 말이 없거나 애매한 감정을 덮기 위해 사용하는 것은 바람직하지 않다. 그렇게 하면 오히려 마음속에 억울함이 쌓이고, 분노·자괴감·복수심과 같은 감정이 트라우마로 남게 된다.

따라서 객관적인 마음의 여유를 가지고 사건의 전말을 충분히 살펴본 뒤, 잘못한 부분은 사과하고 받아야 할 사과는 분명히 받아야 한다. 오해가 있다면 대화를 통해 풀고, 그 일을 제대로 마무리해야 한다.

진정한 용서

진정한 용서란 무엇일까?

"엄마, 친구가 나한테 욕했어."라고 할 때 "그 친구를 용서해주자."라

 당신은 지금, 자녀와 전쟁 중인가?

고 말하듯, 우리는 어떤 문제 상황이 발생하면 쉽게 용서를 해주고 마치 없었던 것처럼 여겨 주는 것이라고 생각한다. 하지만 진정한 용서는 그 사람에게 책임을 묻지 않되, 무엇을 잘못했는지 명확하게 인식시키는 것이다.

어떤 아이가 우리 집에 있는 물건을 훔쳐 간 경우, 진정한 용서는 물건을 훔친 행위에 대해 책임을 묻지는 않고, "네가 우리 집에서 물건을 훔친 것은 나쁜 일이야."라는 사실을 분명하게 인식시켜야 한다.

양육법

'공감하기'

아이가 진정한 용서를 하기 위해서는 먼저 상대 친구의 마음을 공감해 주어야 한다는 것을 알려 주어야 한다.

"네가 내 연필을 갖고 싶었던 것은 알겠어. 그런데 난 그 연필이 없어졌을 때 엄마한테 혼날 것을 생각하니 두려웠어.", "앞으로는 미리 나한테 말하고 연필을 빌려 갔으면 좋겠다."라고 말할 수 있도록 도와주어야 한다. 그런데 엄마가 "야, 너 바보야. 연필을 가져가는데 가만히 있었어?"라고 하면 안 된다. 그러면 아이는 바보 취급을 당했다고 생각한다. 그리고 아이의 자존감은 낮아진다. 아이는 잘 모르니까 가르쳐야 한다.

'상한 마음을 친구에게 알리기'

아이가 자신의 상한 마음을 친구에게 조리 있게 말할 수 있도록 알려 주어야 한다. "너의 그런 행동 때문에 나도 마음이 아팠다고."라고 말하여 경고를 할 수 있어야 한다.

아이가 다른 친구한테 맞고 왔을 때는 어떻게 해야 할까?

일반적으로 양육자들은 속상한 마음에 "넌 바보냐. 그렇게 하면 계속 무시당한다."라고 말하며 비난하는 경우가 많다. 아이는 크게 낙심하게 된다.

'성인 용서'

어떤 실무자의 사연이다. 용서는 하는 것도 받는 것도 있다. 어느 날 계약 관계로 중요한 의사 결정을 급하게 처리해야 하는데, 그 결정권자인 부장이 연락이 되지 않아서 일을 대리 처리했다. 그런데 복귀한 부장이 "왜 당신이 그 일을 처리하나, 당신 그렇게 안 봤는데."라고 했다면, "죄송합니다."가 아니라 "화나신 마음을 이해합니다만, 제가 몇 번이나 전화를 하고 문자를 드렸는데 답이 없어서 저는 이렇게 진행했는데, 이렇게 말씀하시니 저는 너무 당황스럽습니다."라고 명확하게 말을 해야 한다.

'용서를 구하는 자세'

용서를 구하는 사람의 자세가 중요하다. 용서를 구하는 것은 그냥 단순히 "미안하다."라고 앵무새처럼 용서를 구하는 것이 아니라, 용기와 진심을 바탕으로 잘못을 인정하고 관계를 회복하려는 적극적인 행위이어야 한다. 진정한 용서는 감정으로 무릎을 꿇는 것이라기보다는, 관계 회복을 위한 것이어야 한다.

'용기 있는 사람만 용서'

누군가에게 사과를 한다는 것은 참으로 어려운 일이다. 어떤 아이가 다른 친구가 이 연필을 빌려 쓴 후 깜빡 잊고 돌려주지 못했다. 대부분의 아이들은 "미안해, 깜빡했어."라고 대충 넘어가려고 하거나 모른 척하고 지나갈 수도 있다. 그러나 "네 연필을 돌려주지 않아서 많이 불편했지. 미안해."라고 말할 수 있는 것은 용기가 있는 아이다. 용서를 구하는 것은 마음의 약함이 아니라 강함에서 오는 것이다.

'용서는 패배 아닌 승자의 특권'

대부분의 사람들은 용서를 구하면 패배하거나 체면이 깎이는 것이라고 생각하지만, 사실은 반대다. 어떤 친구에게 말실수를 했고, 그 사실을 뒤늦게 알게 되었을 때 고개 숙여 "저의 말실수로 기분이 나쁘셨다면 정말 죄송합니다. 제 의도와는 다르게 불쾌하셨을 것 같아요."라고 말할 수 있는 사람은 감정에 굴복하지 않고 관계를 회복시킬 수 있는 성숙한 '능력자이자 권리자'이다.

용서 구하는 사람의 자세

'실수는 분명하게 설명'

어떤 아이가 친구의 장난감을 망가뜨렸다면, 그냥 "미안해."라고 하는 것보다는 "네 장난감을 망가뜨린 것은 내 실수야. 내가 장난감을 던져서 그렇게 됐어."라고 자세히 설명해 주는 것이 진정성 있다.

'핑계 금물'

"친구야 나는 그런 뜻이 아니었어. 그날 너무 피곤해서…"라고 핑계를 대면, 상대는 진심이 없다고 생각한다. 마치 학생이 과제물을 제출하지 못한 상태에서 "컴퓨터가 고장 나서"라고 말하면 책임을 회피하는 인상을 줄 수 있다. 이보다는 "과제물을 기한 내 제출하지 못한 것은 제 책임입니다. 늦게 제출해서 죄송합니다."라고 말하는 것이 더 책임을 지는 태도이다.

'용서를 구하는 것은 관계 회복'

용서를 받기 위해서 무엇인가를 해주어야 한다는 생각은 할 필요가 없다. 용서는 거래가 아니라 관계 회복이다. 어떤 친구와 싸우고 난 후, "내가 점심을 사 줄게, 그걸로 퉁치자."는 식의 접근은 용서가 아니라 거래다. 진정한 용서는 "내가 너를 걱정하게 해서 미안해. 다시는 그런 걱정을 하지 않도록 할 게."라는 말과 태도가 중요하다. 용서는 조건 없는 진심의 표현이다.

진정으로 용서를 구하는 것은 '관계 회복'이라는 명확한 목표가 있어야 하고, 진심을 담아내는 것이 가장 중요하다.

칸트는 "사람은 수단이 아니라 그 자체로 목적이 되어야 한다."라고 말했다. 그 의미는 누군가를 이용하려고 관계를 맺으면 안 되고, 그 사람을 그 자체로 존중해야 된다는 뜻이다.

   당신은 지금, 자녀와 전쟁 중인가?

5.
예민한 아이

●

고민의 주인공 여섯 살 된 여자아이의 사연이다. 이 아이는 무슨 일이든 엄마나 아빠 또는 가까운 주변 사람들에게 꼭 물어보고 결정을 한다.

한 번은 엄마와 이모랑 백화점에 가서 이모가 "너 갖고 싶은 것 하나 사 줄게, 마음에 드는 것 골라 봐." 했더니 아이가 집에 있는 장난감을 고른다.

엄마는 "그것은 집에 있는 거잖아. 집에 없는 장난감을 골라봐."라고 말했다.

아이는 한참이 지나도록 장난감을 고르지 못한다. 이모가 "괜찮아 아무것이나 골라. 마음에 드는 것."라고 하니, 그제야 간신히 스티커 하나를 골랐다.

집으로 돌아온 아이는 "엄마, 나 이모가 사 준 스티커 가지고 놀아도 돼?"라고 묻는다.

엄마는 "아무 데나 붙이지 말고 적당한 곳에 붙여."라고 말했다. 아이는 굳은 표정을 하면서 "그럼 어디다 붙여?"라고 물었다.

엄마가 "알아서 적당히 붙여."라고 했다. 아이는 잠시 망설이다가 책상에 몇 개 붙이고 나머지는 서랍에 넣었다. 그 모습을 지켜본 이모는

"언니, 애를 너무 눈치 보게 하는 거 아냐?" 라고 말했다. 이런 말을 들으면 마음이 상하기도 한다.

엄마 자신도 눈치를 많이 보는데 아이가 자신의 모습을 쏙 빼닮았는지 속상하다는 것이다. 사실 영유아기 아이들은 경험이 부족하기 때문에 불안하고 두려움이 많아서 당연히 눈치를 많이 보는 것은 자연스러운 현상이다.

두 가지 관점

예민한 아이인가? 민감한 아이인가?

아이는 주위 상황을 살피고 눈치가 빠르며 대처 능력이 좋다는 점에서 민감한 아이일 수 있다. 이 두 가지 관점으로 분류해서 봐야 한다.

사연에서 어머니가 중요한 단서를 하나 제공하고 있다. 자신이 예민한 편이고, 이런 자신의 모습이 너무 싫다고 했다. 이 어머니는 아이가 예민한 아이인지 아니면 주위 상황을 잘 살피고 민감한 아이인지를 따져 보기 전에 "예민해요."라고 낙인을 찍은 상태에서 아이를 보고 있다. 엄마가 보고 싶은 대로 아이를 본 것이다.

예민한 아이가 있는가 하면 예민함을 바탕으로 그것을 민감하게 배려로 확장하는 아이가 있다. 언뜻 보면 비슷해 보이는 것 같으나 차이가 크다.

어떻게 구분할 것인가?

그야말로 종이 한 장 차이라고 볼 수 있다. 이것을 쉽게 구분할 수 있는 것은 자기주장이다. 예민하기만 한 아이인가, 아니면 예민하기는 하지만 결국은 자기 생각대로 행동하느냐의 차이다.

  당신은 지금, 자녀와 전쟁 중인가?

예민하기만 한 아이

예민하기만 한 아이는 상대를 너무 많이 살피고 "내가 이렇게 하면 저 친구는 싫어하겠지?" 이처럼 지나치게 상대를 의식하다 보니 정작 그 속에 자신의 생각이나 주장을 전혀 반영하지 못한다. 사연의 어머니는 자신이 이런 경험을 많이 했고, 아이가 이런 모습을 보이자 겁이 난 상황이다.

이런 걱정을 하기 전에 아이의 선택을 예의주시하고 살펴봐야 한다. 엄마가 걱정을 하지만 친구들을 잘 살피고 배려하는 행동을 싫어하는 사람은 없다. 이런 친구들은 '친절한 친구'라는 평가를 받으며 친구들의 신뢰를 한 몸에 받는다.

'저 친구는 내 마음을 잘 읽어 줘. 나를 배려해 줘. 잘 이해해 줘.'라는 마음이다. 친구들의 모든 것을 맞춰 주는 그런 성향의 아이다. 그 엄마는 그런 아이의 모습이 싫은 것이다. 이런 관점에서 볼 때 우리가 '예민하다'고 단정 짓는 그 모습이 대인 관계에서는 상당히 환영받고 필요하다. 이것은 배워서 되는 것이 아니고 타고난 것이다.

다른 사람을 잘 배려하고 살피는 좋은 바탕에 자기의 생각과 마음을 표현할 줄 아는 자기주장을 겸비하게 된다면, 이 아이는 참으로 멋진 아이가 될 수 있다. 이렇게 다른 사람의 생각을 궁금해 하고 주변을 살피는 동시에 자신의 생각도 적절히 주장할 줄 아는 사람에게는 안정감을 느낀다.

다른 사람을 지나치게 살피면서도 정작 자신이 원하는 것이 무엇인지 모르고 끌려다니기만 한다면, 친구들은 이 아이를 부담스럽고 답답하게 느낄 수 있다.

예민한 아이의 특징은 뭘까?

어떤 일을 스스로 결정하는 걸 어려워하거나 소극적인 태도를 보인다. 자신이 원하는 것과 일의 결론이 다르게 나타날 때가 많다. 결국 자기주장이 없는 것이 되고 만다. 자기주장이 너무 없으면 예민한 아이가 되고, 자기주장을 너무 과도하게 하면 떼를 쓰는 아이가 된다.

예민한 이유는 무엇일까?

예민한 아이가 모두 그렇다고 단정을 지을 수는 없지만, 선천적으로 타고난 기질과 강압적 양육 방식에 의해 나타난다.

예민한 아이 양육법

그러면 사연의 아이는 어떻게 양육해야 할까?

성격 분석을 통해 아이의 기질을 파악해야 한다. 그리고 강압적인 양육 태도를 바꾸어야 한다. 생각보다 쉽지는 않다. 양육 태도를 바꾸고 싶어 하지만 실패를 거듭하고 자책하는 경우가 많기 때문이다.

'양육 태도 바꾸기'

아이에게 선택할 기회를 주고 양육자는 그 자리를 비운다.

"딸은 고르고 싶은 것 알아서 골라. 엄마는 엄마 거 고르고 있을 테니까 다 고르면 엄마한테 와."라고 말하고 딸이 편하게 선택할 수 있게 해준다. 아침에 등교할 때 옷을 입는 것도 마찬가지다. 두세 벌의 옷을 행거에 걸어 두고 "네가 입고 싶은 거 골라."라고 말한다. 그럼 아이는 지금보다 좀 더 자유롭게 옷을 선택할 수 있다.

'같은 것만 고르는 아이'

왜 집에 있는 것을 또 고를까?

자신의 취향이다. 우리는 흔히 백화점에 옷을 사러 가면 비슷한 옷만 고르는 경향이 있다. 우리가 같은 옷만 고르는 이유는 개인마다 가지고 있는 취향 때문이다. 같은 옷 같지만 컬러가 다 다르다. 크거나 작다. 아이들도 마찬가지다. 엄마가 보기에는 똑같은 것 같지만 아이는 장난감의 모양이나 색상이 다를 수 있다.

'아이 취향 존중'

예민한 아이로 키우지 않기 위해서는 아이의 취향을 존중해야 한다. 하지만 엄마는 집에 있는 것을 고르는 아이를 보기에는 그리 쉬운 일이 아니다. 그래서 자녀에게 선택할 기회를 주고 그 자리를 비워야 하는 것이다. 엄마가 옆에 있으면 눈치를 본다. 아이가 알아서 골라 오게 하고 돈만 계산한다.

'상한선 제시'

가격대를 정해서 장난감을 고르도록 하면 선택이 편해진다. 그리고 위험한 물건은 허락할 수 없다고 미리 말해 주면 선택이 쉬워진다.

'아이 선택 존중'

엄마는 아이의 선택을 존중해 주어야 한다. 이처럼 엄마가 선택의 기회를 주어도 아이는 선택이 쉽지 않다. 이유는 그동안 선택을 했을 때 엄마에게서 부정적인 피드백을 많이 받았기 때문에 "엄마 마음에 들어야 할 텐데…"라고 걱정하여 선택이 쉽지 않다.

그래서 아이가 선택을 했으면 엄마도 그 선택이 무엇이든지 무관하게 "우리 딸이 이걸 골랐구나. 참 예쁘다."라고 긍정적인 피드백을 해준다. 엄마도 고르기 힘든데 "우리 딸은 한 번에 고르니까 기분 좋다."라고 칭찬도 해준다.

그러면 아이는 "어, 내가 골라도 무슨 일이 일어나지 않네." 라는 긍정적인 경험을 하게 되어 자유롭게 선택할 수 있다.

자기 생각 칭찬

예민한 아이는 자기의 생각을 이야기하는 것이 힘들다. 자기 생각을 이야기했을 때 야단맞은 부정적인 경험의 기억이 있기 때문이다. 그 두려움을 이기고 자기 생각을 이야기했을 때 칭찬을 해주면 트라우마를 극복하는 데 크게 도움이 될 것이다,

"우리 딸이 자기 생각을 이야기해 주니까 엄마는 너무 기분이 좋다." 아이는 '어, 내 생각을 말하니까 엄마는 좋아하네. 앞으로 말해도 되겠다.'라고 생각하고 이 행동이 강화된다.

'바른 칭찬'

"잘했어. 정말 잘했어. 너무 잘했어."라고 칭찬하는 것이 바른 칭찬일까?

아니다. 이 칭찬은 아이를 더욱 혼란스럽게 만들 수 있다.

어떻게 칭찬을 해야 할까?

'구체적인 칭찬'

"잘했어."라는 말 앞에 구체적으로 무엇을 잘했는지 언급하면서 칭찬
을 해야 한다.

'결과보다는 노력을 칭찬'

가급적 노력이나 정성을 칭찬해 주는 것이 좋다. 그러나 장난감을 조
립한 아이에게 "잘 만들었네."라는 칭찬은 아이를 주춤하게 만든다.

아이는 '어느 부분이 잘 됐다는 거지?'라는 생각이 들어 고민하게 되
는 것이다.

"우와, 이거 조립하려면 엄청 힘이 드는데 우리 아들이 힘들어도 꾹
참고 이걸 끝까지 만들었구나. 정말 대단하다."라고 하면서 과정과 노력
을 칭찬해 주어야 한다.

6.
예민한 성인

●

예민한 성인은 어떤 사람일까?

"저도 예민한 성격이 너무 싫은데 아이가 저를 닮은 것 같아요."라고 호소하는 분들이 상당히 많다. 자녀도 부모의 예민한 성격을 그대로 닮는다. 이유는 일종의 대물림이라고 말할 수 있다.

양육자가 변해야 자녀도 변한다

자녀가 예민하다고 생각하면 양육자 본인이 예민한 습관을 먼저 고쳐야 한다.

아이에게 문제가 있다고 생각하는 사람들의 특징은 본인은 문제가 없는데 "우리 아이가 왜 저러는지 모르겠어요."라고 말하지만, 사실 심한 경우를 제외하고는 아이를 치료하지 않아도 된다. 양육자가 달라지면 아이는 저절로 달라지기 때문이다.

예민한 자녀를 둔 양육자라면 아이를 어떻게 양육할 것인지를 고민하기보다는 먼저 양육자 자신의 예민한 태도를 고쳐야 아이의 습관도 고쳐진다.

예민한 사람의 특징

인간관계를 잘하는 사람은 다른 사람을 향한 자신의 배려와 친절에 대해 별로 불편함을 느끼지 않는다. 자신이 한 행동에 대해 못마땅하게 여기지도 않는다. 자신을 존중하고 타인을 존중하기에 정서적으로 안정되어 있다고 볼 수 있다.

'자신의 행동에 큰 불만'

예민한 사람들은 자신의 행동에 불만이 많다. 자신의 행동에 대해 후회를 하는 경우가 많다.

'자녀가 자신을 닮을까 걱정'

자녀가 자신을 닮을까 걱정을 많이 한다. 자존감이 낮아진다.

'정서적 안정감 결여'

내 안에 존재하고 있는 자아가 나의 보살핌을 받지 못해서 마음이 불편한 것이다. 자아는 야단이나 비난을 받으면 정서가 불안해진다.

'스스로 살피지 않는 자신'

사람은 본능적으로 누군가에 의해 보살핌을 받으며 살아가고 싶어 한다. 어려서는 양육자에 의해 보살핌을 받으며 산다. 양육자의 보살핌이 따뜻하면 안정감이 있고 자존감이 높은 아이로 성장할 것이고, 양육자에 의해 따뜻한 보살핌을 받지 못한 아이는 매사에 불안정하고 자존감이 낮은 아이로 성장하게 된다.

성장 후에는 더 이상 양육자의 보살핌을 받는 것이 아니고, 독립해서 스스로 보살핌을 받으면서 살아간다. 양육자가 나를 보살폈으면 그대로 나를 보살핀다. 양육자가 나를 보살피지 않고 함부로 대했으면 그대로 나를 대한다. 양육자가 지적하고 질책을 했다면 자신에게 똑같이 질책을 하게 된다.

이제부터라도 나를 위로하고 보살핌으로 다하며 살아가야 한다.

해결법

'자신과 긍정적인 대화하기'

우리는 의식하지 못하지만 하루 종일 자신과 대화를 한다. 긍정적인 대화인지, 부정적인 대화인지 그것이 중요하다. 양육자와 긍정적인 대화를 많이 나눈 사람은 자신과도 긍정적인 대화를 나눈다.

양육자와 긍정적인 관계였던 사람은 자신에게 "괜찮아, 잘했어."라고 대화를 한다. 하지만 양육자와 부정적인 관계였던 사람은 자신과도 종일 부정적인 대화를 한다. "왜 나는 이것도 못하지. 사는 것이 힘들지. 실수 했네."라고 하는 사람은 다른 사람을 향한 생각에도 똑같이 적용한다.

옷을 개성 있고 화려하게 입은 사람을 본다면 긍정적인 사람은 "우와, 멋있다."라고 생각하지만, 부정적인 사람은 "오늘 밤무대 가냐?"라고 반응을 한다. 사람은 나이에 상관없이 본능적으로 따뜻하고 보살핌을 받기를 원한다. 긍정적인 말이 힘 있는 대화가 되는 것이다.

내가 진정으로 원하는 것이 무엇인지 들어본다. 자신과 대화를 나눈 후 행동으로 옮겨야 한다. 자신과 친하게 지내야 자존감이 높아진다.

'자신 먼저 돌보기'

성인도 스스로에게 보살핌 받기를 원한다. 그렇지 못한 경우, 내가 자신을 홀대하고 다른 사람에게 예민하게 비위만 맞추게 된다. 그러면 나의 자아는 기가 죽고 우울하고 슬퍼져서 위축될 수밖에 없다.

지금 내가 매사에 예민한 것 같고 내 모습에 만족하지 못하고 불편함을 느낀다면, 자기 자신을 따뜻하게 돌보지 못한다는 것이다.

나 자신을 돌본다는 것은 어떤 의미일까?

스스로 자신을 직접 돌본 경험이 있는 사람들이 별로 없어서 그 의미를 이해하기가 좀 어렵다.

딸이 어느 날 "엄마 저 고민이 생겼어요. 저 어떻게 해야 할지 모르겠어요."라고 말하는 것은 자신을 잘 돌보지 못하고 있는 것이다.

'공감해 주기'

그때 제일 먼저 해주어야 하는 말은 "우리 딸이 고민이 많았구나. 힘들겠네." 하고 공감을 해준다.

'자기 마음 알기'

공감 다음에 해주는 말이 가장 중요하다. "그래서 우리 딸은 어떻게 하고 싶은데?"라고 물어본다. 그러면 아이는 어떻게 하고 싶은지 자기 생각을 말한다. 아이들이 자신이 무엇을 원하는지만 알아도 일은 거의 해결된 것이나 마찬가지다.

'문제점 찾아내기'

그러면 엄마는 "그러면 그렇게 해. 문제되는 일은 없을까?" 라고 물어

본다. 그러면 아이는 망설이는 이유를 알게 될 것이다.

'스스로 해법 찾기'

양육자는 "그러면 그 문제를 어떻게 해결하면 좋을까?"라고 물어본다. 그러면 놀랍게도 자신이 그 해답을 술술 이야기한다. 우리 아이들이 양육자에게 고민의 해답을 알려 달라는 것이 아니라, 해답을 찾을 수 있도록 도움을 요청하는 것이다.

'실천하기'

아이는 해답을 찾았으면 행동으로 실천한다.

자신을 따뜻하게 돌보는 것은 이러한 절차에 따라서 하면 되는 것이다.

행동하기

'공감하기'

고민하는 문제에 대해 먼저 자신을 공감해 준다.

"○○아, 마음이 무겁지? 혼자 해결하려니 많이 힘들지?"

'자기 마음 알기'

"넌 어떻게 하고 싶은데?" 이 좋은 질문을 자신에게 한다.

그런데 우리는 이런 질문을 받아 본 적이 없기 때문에 대답이 느리고 희미할 수 있다. 하지만 이런 질문을 자주 하다 보면 내가 무엇을 원하는지 명확히 알게 되고, 내 마음을 표현하는 기술도 좋아진다.

'걸림돌 제거하기'

그런데 내 마음이 흔들리거나 주저할 때가 있다. 이건 무엇인가 문제가 있다는 것이다. 그러면 또 나와 대화를 나눈다. "뭐가 문제야?"라고 묻는다. 내 마음의 소리에 귀를 기울이고 문제 해결 방법을 고민해 본다.

'실천하기'

내가 원하는 것이 무엇인지 물어서 대답을 해주면 그대로 해준다.

'갈등 순간 잡기'

가장 중요한 것은 예민해지는 그 순간을 놓치면 안 되는 것이다. 선택이 망설여지는 순간이다.

'다른 사람이 나를 어떻게 생각할까? 내가 이렇게 하면 상대가 상처를 받지 않을까?'라고 생각하는 순간을 놓치면 안 된다. 그 순간 재빠르게 절차에 따라 자신과 대화를 나누어 본다.

'실천이 힘든 이유'

자신과의 대화를 잘 할수록, 내가 내 편일수록, 내가 건강할수록 자존감이 높은 사람이 된다. 그러나 많은 사람들이 공통적으로 걱정하는 것이 있다. 습관적인 행동의 변화가 어렵다는 것이다.

'완급 조절 키우기'

자신과 대화를 하면 내가 뭘 원하는지 알 수 있다. 그런데 막상 그걸 하려고 하면 싸우는 것 같고 잘못했다가 왕따가 될까, 그게 걱정이 되어 망설여지게 된다. 당연한 일이다. 두려워할 필요가 없다. 한 번 소리를 지르고 미안하다고 하면 된다.

'비난에 대한 걱정 내려놓기

처음 해보는 일이라서 나도 모르게 말이 튀어나와 상대를 비난하는 걸로 오해를 받기도 한다. 무시를 당하기도 하지만 당연한 일이다. 처음이라서 그런 것이다.

행복은 표현에서 시작된다

우리는 오랫동안 마음을 숨기는 데 익숙해져 왔다.

속마음을 드러내면 상처받을까 두려웠고, 관계가 틀어질까 걱정했다. 그래서 많은 감정들을 '미안하다'는 말 하나로 덮어 버리며 살아왔다.

하지만 마음은 숨긴다고 사라지지 않는다. 표현되지 않은 감정은 결국 왜곡된 형태로 다시 나타난다. 불안으로, 분노로, 혹은 관계의 단절로 이어진다.

행복은 거창한 조건에서 시작되는 것이 아니다. 내 마음을 정확하게 알고, 그것을 있는 그대로 표현하는 순간부터 시작된다.

"나는 이렇게 생각해."

"나는 그 말이 조금 속상했어."

"나는 이 방법이 더 좋다고 생각해."

이처럼 '나'를 주어로 한 표현은 상대를 공격하지 않으면서도 자신의 마음을 분명하게 전달하는 힘을 가진다. 그리고 이러한 표현은 관계를 무너뜨리는 것이 아니라, 오히려 더 건강하게 만든다.

아이 역시 마찬가지다. 아이에게 필요한 것은 잘하는 법을 배우는 것이 아니라, 자신의 마음을 표현해도 괜찮다는 경험이다. 부정적인 감정조차도 안전하게 표현할 수 있다는 확신이 쌓일 때, 아이는 비로소 자기 자신을 믿게 된다.

처음에는 서툴고 어색할 수 있다. 그러나 몇 번의 연습을 통해 우리는 어느 순간 깨닫게 된다.

"내가 해냈다. 나도 할 수 있다."

그때 비로소 마음은 가벼워지고, 관계는 편안해진다. 그리고 우리는 알게 된다. 지금까지의 삶이 얼마나 많은 오해와 두려움 속에서 흘러왔는지를.

이제는 다르게 살아갈 수 있다. 내 욕구를 존중하고, 동시에 상대의 욕구도 존중하는 것. 내 감정을 숨기지 않되, 상대를 해치지 않는 방식으로 표현하는 것. 그것이 우리가 만들어 가야 할 건강한 관계의 시작이다.

오늘, 스스로에게 한 번 물어보자.

"나는 지금 무엇을 느끼고 있는가?"

"나는 어떻게 말하고 싶은가?"

그리고 가장 가까운 사람에게도 물어보자.

"너는 어떻게 생각해?"

이 단순한 질문이 관계를 바꾸고, 삶의 방향을 바꾼다.

기억해야 할 것이 있다. 부모가 싸워야 할 대상은 자녀가 아니라, 부모 자신의 불안이다. 부모는 아이가 숨 쉴 수 있는 공간이 되어야 한다.

이제, 다시 나로 돌아갈 시간이다.

그리고 그 시작은, 단 한 문장의 진심 어린 표현이다.

 당신은 지금, 자녀와 전쟁 중인가?